SDGsエコバブルの終焉

編著＝杉山大志
著＝川口マーン惠美＋
掛谷英紀＋有馬 純 ほか

宝島社

はじめに

日本政府は２０５０年CO_2ゼロ（脱炭素）を達成するためとして、再エネ推進などのグリーントランスフォーメーション（ＧＸ）産業政策を進めている。

だがそもそもの現状の認識を大きく間違えている。

政府は「世界はパリ気候協定のもと地球温暖化を１・５℃に抑制する。その為に日本も脱炭素を達成する責務がある。いま脱炭素に向けて国際的な産業大競争が起きている」としている。

だがこれは本当か。たしかに多くの国はCO_2ゼロを宣言している。だが実体を伴わず、本当に熱心に実施しているのは、日本と英独など欧州の数カ国ぐらいだ。

米国はといえば、バイデン政権は脱炭素に熱心だが、議会の半分を占める共和党は頑固に反対してきた。実際のところバイデン政権の下ですら、米国産業は世界一の石油・ガス生産量を更に伸ばしてきた。

グローバルサウスのCO_2排出は増え続けていて、かれらは「２０５０年に脱炭素を宣言せよ」という先進国Ｇ７の呼びかけを端（はな）から拒否している。中国は、表向きはいずれ脱炭素すると言うが、実際のところは石炭火力発電に莫大な投資をしている。

つまり世界は日欧のごく一部を除いて脱炭素に向かってなどいない。理由は簡単で、エネルギー、なかんずく安価な化石燃料は、経済活動の基盤だからだ。

そもそも気候変動が国際的な「問題」に格上げされたのは、リオデジャネイロで1992年に開催された「地球サミット」からである。これが1991年のソ連崩壊の翌年であることは偶然ではない。冷戦期は米ソの協力は不可能だった。冷戦が共産主義の敗北に終わり、民主主義が勝利したことで、国際協力で気候変動問題を解決しようという機運が生まれたのだ。

これは当初からじつは幻想に過ぎなかったのだが、2022年にロシアがウクライナに侵攻したことで完全に崩壊した。

そしていま、ロシアはイラン製のドローンを輸入し、北朝鮮から弾薬を購入している。中国へは石油を輸出して戦費を調達し、あらゆる工業製品を輸入している。かくしてロシア、イラン、北朝鮮、中国からなる「戦争の枢軸」が形成され、NATOやG7はこれと対峙することになった。ウクライナと中東では戦争が勃発し、日本周辺においては台湾有事のリスクも高まっている。

この状況に及んで、自国経済の身銭を切って、高くつく脱炭素のために全ての国が協力することなど、ありえない。戦費の必要なロシアや、テロを支援するイラン、米国を凌駕すべく軍事力を増強する中国が、敵であるG7の説教に応じて、豊富に有する石炭、石油、ガスの使用を止めるなどありえない。かつての冷戦期にありえなかったことは、これからの新冷戦でも起こるはずはない。ごく近い将来、気候変動はもはや国際的な「問題」ですらなくなるだろう。

本書は各分野の専門家に執筆して頂いた。気候危機など存在しないこと、ＥＶやグリーン投資は早くも頓挫していること、なぜ学者もメディアも嘘をつくかなど、科学、経済から政治まで、包括的な本になった。なお持ち味を存分に発揮して頂くために内容の相互調整はしていない。従って各章の文責は各著者にある。

次期米国大統領は「たぶんトランプ」だといわれている。すると米国の脱炭素政策は１８０度変わる。米国共和党は、気候危機など存在せず、中国やロシアの方がはるかに重大な脅威だと正しく認識している。バイデン政権が推進した脱炭素政策はことごとく撤廃される。

それで日本はどうするのか。ドイツなど欧州の一部と共に自滅的な脱炭素政策を続けるのか。それとも中国を利するだけの愚かな脱炭素政策を止めるのか。

それを決めるのは政治であり、政治は世論の反映である。ここにきて、再エネを巡る一連の事件を受け、脱炭素政策への疑問の声が高まってきた。読者諸賢の意見、ＳＮＳでのコメントやクリックが、やがては大きな力になり、ＳＤＧｓエコバブルを終焉させるだろう。

２０２４年５月　著者を代表して　杉山大志

SDGsエコバブルの終焉／目次

第四章 世論操作・偏向メディアの欺瞞

第五章 日本人を脅かす危機

第一章

SDGs
エコバブルの終焉

欧州メーカーがEV開発に白旗を掲げた！
演出されたブームに民意が「NO！」

岡崎五朗（モータージャーナリスト）

「EVにあらずんば自動車にあらず」、「EVこそが正義であり地球温暖化を解決する唯一の方法だ」、「EVに出遅れた日本はオワコン」、「トヨタのハイブリッドはもはや座礁資産である」。大手マスコミが展開する現実無視の状況を前作では厳しく批判した。あれから約3年。ついにEV万能論のメッキが剥がれてきた。これまで急速にシェアを伸ばしていたEVの勢いが止まったのだ。価格の高さ、充電時間の長さ、充電インフラ不足、航続距離の短さ、アーリーアダプター層に行き渡った、購入補助金の削減や廃止など理由はたくさんあるが、煎じ詰めればEVを選ばないユーザーが増えたということになる。EUは2035年のエンジン車禁止を先送りし、バイデン大統領は2032年のEV販売目標を

67％から35％に引き下げ、中国では大量のＥＶが放置されるＥＶ墓場が生まれた。こうした惨状を目の当たりにし、自動車業界への参入を計画していたアップルは計画を中止。ＥＶシフトに前のめりだった欧米メーカーの多くもハイブリッド車を見直しつつある。

地球温暖化防止というなんとなく反対しにくい理想を口実に利権目的で集まった人々が無理やり演出したＥＶブームを阻止したのは、政治家でも企業でもなく「買わない」という手段で対抗した世界中の人々の民意だった。民主主義国家では選挙によって国家権力にＮＯを突き付けることができるが、自由経済を歪めるトンデモ規制にも購買行動という意思表示によってもノーを突き付けることができる、ということを今回の件は見事に証明している。少々大袈裟かもしれないが、これは民主主義の勝利と言っていいだろう。6月には欧州議会選挙、11月には米国大統領選挙がある。環境原理主義に振り回されてきた世界が、選挙を経てさらに落ち着きを取り戻すことを期待している。

しかし、ここまでの道のりは決して平坦ではなかった。事の発端は2015年に起こったフォルクスワーゲンのディーゼルゲートだ。特殊なプログラムをエンジンコントロールユニットに組み込み排ガス試験を不正にパスしていたことが明るみに出た。これを受けフォルクスワーゲンのみならずディーゼル車そのもののイメージが大きく毀損。販売も激減した。それまで欧州は日本のハイブリッドにディーゼルで対抗しようとしていたが、ディーゼルという切り札を失った彼らは急速なＥＶシフトへと逃げ込むしかなかった。それを後押ししたのが環境保護団体の影響力を強く受けている欧州各国政府で、２０１７年には英国とフランスが２０４０年までのエンジン車禁止方針を発表（その後英国は２０３０年に前倒し）。２０２１年には欧州委員会と米カリフォルニア州も２０３５年のエンジン車禁止方針を打ち出した。

メルセデス・ベンツは完全ＥＶ化を撤回

こうした発表を丸呑みしたメディアは、「世界はすでにＥＶに舵を切ったのだから、ＥＶ以外を手掛けるのは周回遅れであり、このままでは日本の自動車産業は敗北する」という主張を繰り返し報道。脱エンジンを表明したメルセデス（２０３０年）やホンダ（２０４０年）をもてはやす一方で、ＥＶ１００％は現実的ではないと主張するトヨタを厳しく批判した。しかし２０２４年３月にメルセデス・ベンツは完全ＥＶ化を撤回。このニュースは大きな話題を呼んだが、私からすれば完全に想定内だった。なぜなら、そもそもメルセデスは２０３０年までの完全ＥＶ化など宣言していないからだ。２０２１年に出したリリースの原文は次の通りだ。「Mercedes-Benz is getting ready to go all electric by the end of the decade, **where market conditions allow.**」。すでに世界はＥＶに舵を切ったのだという洗脳状態にあった日本のメディアは「マーケットが許すなら」という注釈をご丁寧にも消しゴムで綺麗に消し、メルセデスが完全ＥＶ化を宣言したかのように報じたのである。

ホンダも同様で、三部敏宏社長は2023年5月のグループインタビューの際、私の面前で次のように述べている。「２０５０年のカーボンニュートラル達成から逆算すると、保有を10年として２０４０年に販売しているクルマはカーボンフリーにする必要がある、ということで２０４０年にエンジン廃止としました。ですが、古いクルマに乗り続けたいという方にはｅ－ｆｕｅｌ（水素と二酸化炭素から製造するカーボンフリーの合成燃料）が必要でしょうし、バイオエタノール燃料がすでに普及しているブラジルのようなところまで無理やりＥＶ化する必要はないと思っています。エンジン廃止については、０か１００かではなく、大枠の話としてご理解いただければと思います」。メディア報道と経営トップの言葉にはかなりの温度差があることがおわかりいただけるはずだ。

もっとも、わざわざ回りくどい言い方をしたメーカー側にもミスリードの責任はある。なぜそんなことを言ったのか。環境原理主義がはびこる欧州政治へのリップサービスと、EVと言えば株価が上がっていた状況を踏まえたＩＲ対策の一環としての、確信犯としてのミスリード誘発だったと私は理解している。しかし、こうしたリップサービスは結果として自らの首を絞めることになった。メーカー発表は環境原理主義者たちの主張を強化、正当化する方向に働き、それによりますます強まる世論や政治的圧力を受けたメーカーはEV開発にリソースを集中せざるを得なかった。目標を２０４０年に置いたホンダはまだ救われたが、２０３０年としたメルセデス・ベンツはいま大変な苦境に立たされている。エンジン車の開発が後手に回る一方で、EVが思うように売れず、台所が火の車になっているのだ。ＣＦＯ（最高財務責任者）の「EVはかなり惨い分野だ。持続可能だとは到底思えない」という発言が惨状を物語っている。慌ててハイブリッド開発を進めようとしているものの、トヨタ、ホンダ、日産の高効率ハイブリッドに匹敵するものをすぐに作れる可能性は低い。EVシフトにかまけてエンジン車開発を怠ってきたツケは、今後ボディブローのように効いてくるだろう。そこにもってきて、破滅的な経済状況に陥りつつある中国への高い依存度も大きな経営リスクである。メルセデス・ベンツに限らず、ドイツメーカーは大なり小なり同じ問題を抱えている。中国ビジネスの行方次第では今後経営が立ちゆかなくなるところが出てきてもおかしくない。

ドイツ勢だけでなく、EVシフトを推進した多くのメーカーも次々に白旗を揚げている。GMは2025年のEV100万台生産を断念。目標達成時期の表明もなし。ホンダとの3万ドル以下のEV共同開発計画も中止。フォードも2026年のEV200万台生産を断念している。ご多分に漏れず両社ともハイブリッド重視の姿勢を打ち出してきたが、商品を見ると燃費改善効果の低いマイルドハイブリッド（簡易型ハイブリッド）のみ。これでは日本製ハイブリッドに太刀打ちできないのは明らかだ。

EV車の不都合な真実

世界中の自動車メーカーが政治に翻弄されるなか、日本にとって幸運だったのは、豊田章男という政治と戦える経営者（日本自動車工業会会長も兼任）がいたことだ。「すべてEVにしろと言う政治家がいるが、それは違う」と、真っ向から権力に立ち向かった。

EV脳のメディアは「EVに出遅れたからハイブリッドにしがみついている」、「エンジン廃止宣言をしたホンダを見習え」とトヨタバッシングを繰り広げた。典型例が、2021年8月に朝日新聞系のウェブサイト「論座」が掲載した「米国で強まるトヨタ自動車批判」という記事だ。トヨタがロビー活動によってEVの普及を妨害しているというその筋ではちょっと有名な日本人記者が書いたニューヨークタイムズの記事を引用しながら、気候変動問題に消極的なメーカーというレッテルをトヨタに貼った。しかし、急速なEV一本化は無理だから、ハイブリッド、プラグインハイブリッド、水素など、あらゆる手段を使いつつ、ベストミックスを探って二酸化炭素を着実に減らしていきましょうというトヨタのマルチパスウェイ戦略は論理的にみて明らかに正しい。後述するが、この考えは欧州自動車工業会も同じだし、バイデン政権の方向性とも基本的には合致する。ニューヨークタイムズと言えば朝日新聞の提携相手。そして論座は朝日新聞の直系メディア。身内の日本人記者が書いた記事を逆輸入し、海外でも批判されているという印象操作を行った自作自演記事と思われても仕方ないだろう。

この記事が出た2年後の2023年、ウォールストリートジャーナルが社説で「トヨタのEV対応、異端視され標的に」と題する非常に興味深い記事を出した。気候変動対策推進派のロビー団体や進歩的な投資家たちがあの手この手でトヨタにプレッシャーをかけている状況を伝える一方、ＥＶ急増に見合うバッテリー需要を満たすだけの天然資源の確保は困難であること、ＥＶ1台分のバッテリーに使う原材料でプラグインハイブリッドなら6台、ハイブリッドなら90台生産できること、そして90台のハイブリッドによる二酸化炭素削減量はＥＶ1台による削減量の37倍に達するというトヨタの試算を紹介。「気候変動対策推進の信奉者にとって不都合な真実を語る豊田章男氏の姿勢は支持に値する。そして、自動車業界リーダーの中で、そうした行動を取る勇気を持った人物が彼だけだというのは、恥ずべき状況だ」という結論で締めくくった。

実はこの記事を紹介した私のＳＮＳに、豊田章男会長からコメントが付いた。「残念ながらこんな記事を書いてくれるメディアは日本にはありませんね。日本での発信は、正直、意味がなくなってきてますすね」。本当にそうだと思う。なかでも傑作だったのが、上記ウォールストリートジャーナル社説の1カ月後に出た日本経済新聞の社説だ。「日本車は謙虚な学びでＥＶ化に対応を」と題し、「電気自動車（ＥＶ）の波が自動車市場の競争ルールを塗り替えつつある。エンジン時代に世界をリードした日本車各社は、過去の栄光にとらわれて後手に回ってはならない。先を走る海外の例から学んで事業モデルを刷新し、日本を引っ張る基幹産業として存在感をさらに発揮してほしい」。数年前ならまだしもＥＶブームの減速が表面化した時点でどれだけ周回遅れなんだよ、と、このご高説に自動車関係者の多くが呆れたのは言うまでもない。

もうひとつ、傑作だったのが２０２３年11月の東洋経済オンライン「トヨタ最高益を礼賛できないＥＶ周回遅れの深刻」という記事だ。お馴染みの周回遅れ論だけでは飽き足らず、還暦過ぎのライターが54歳の佐藤恒治社長に対し歳をとりすぎだと批判。ここまで来るともはやギャグである。さすが、「ハイブリッドは座礁資産」と書いたメディアである。ここは同じギャグで「トヨタを礼讃できない周回遅れメディアの深刻」と返しておこう。

自動車業界団体のリリースに書かれた驚くべき内容

ほとんど知られていないが、２０２３年5月に開催されたＧ7広島サミットは、ＥＶにまつわる一連の騒動に区切りを付ける大転換点となった。共同声明にＥＶ販売の数値目標は盛り込まれず、文書化されたのは「２０３５年までに保有車両のＣＯ$_2$排出量を２０００年比で半減」というフレーズのみ。「敵は二酸化炭素であり内燃機関ではない」、「脱炭素には様々な技術で取り組むべき」という日本自動車工業会の主張が主要先進国に認められた格好だ。これはまさにパラダイムシフトである。環境原理主義的な考えをもつ米国のケリー気候問題担当大統領特使は最後までＥＶ販売目標の記載にこだわったと聞いているが、最終的には議長国の日本が押し切った。岸田首相と経済産業省、サポート役の日本自動車工業会は素晴らしい仕事をしたと思う。尺度がＥＶ比率から二酸化炭素削減率になった途端、実績面でも技術面でも日本が一気にトップに躍り出るからだ。

そもそも二酸化炭素を一切出さないＥＶこそが唯一の解決策であるという意見は、生産から廃棄に至るトータルでの指標、ＬＣＡ（ライフ・サイクル・アセスメント）という考え方のもとでは説得力が薄れる。たしかに走行時の排出はないが、バッテリー生産時に多くの二酸化炭素を排出すること、また火力発電が主流である限り間接的に二酸化炭素を排出するからだ。大量のバッテリーを積んだ大きく重くパワフルなＥＶを「エコだから」と選ぶ行為は笑止千万であって、むしろ貴重で高価なバッテリーを有効活用するべく、ＥＶの数十分の1のバッテリー容量で済むハイブリッド車を多く販売した方がトータルとしての二酸化炭素排出量を減らすことができる。事実、２００1年を基準にした過去20年間の自動車による二酸化炭素排出量を見ると、先進国のなかで最も削減率が大きいのはマイナス23％を達成した日本。イギリスがマイナス９％、フランスがマイナス１％と続き、多くの人が環境先進国だと思っているドイツはプラス3％、米国に至っては9％も増えている。日本の削減率がダントツに高いのは、他のどの国よりもハイブリッドの普及率が圧倒的に高いことに加え、安くて小さくて軽くて燃費のいい国民車＝軽自動車が販売シェアの約40％を占めているからだ。われわれはこの事実を誇りに思うべきだし、売る側（自動車メーカー）と買う側（ユーザー）が一体となって成し遂げた成功モデルを広く輸出することが世界に対する日本の貢献にもなる。

ケリー氏の抵抗を押し切り、日本政府がここまで粘ることができた背景には、意外かもしれないが各国自動車工業会の後押しがあった。サミット直前の4月4日、日本自動車工業会が一通のリリースを出した。大手メディアにはまったく注目されなかったが、そこには驚くべき内容が書かれていた。「2050年カーボンニュートラル達成に向け各国自動車工業会と方向性を再確認」という題名で、内容は大きく3つ。カーボンニュートラル達成には、①EVだけでなく様々なアプローチが必要。②新車に加え使用中の自動車から出るCO_2を削減するためにカーボンニュートラル燃料の技術開発が必要。③政府と産業界のパートナーシップをより深め信頼できるインフラと強靱なサプライチェーンを構築することの重要性。

内容もさることながら、私が注目したのは賛同団体として、イタリア、アメリカ、カナダ、フランス、ドイツ、イギリス、日本、EUつまりG7を構成するすべての国と地域の自動車工業会の名前が入っていた点だ。広島サミットを前に、各国の自動車業界が「EVオンリーでカーボンニュートラル達成はできない」という意見で一致していることを示し、各国政府にプレッシャーをかけることがこのリリースの狙いであり、政治はそれを受け入れた。こうして広島サミットを機にG7各国は公式にEVオンリー政策から距離を置き、現実的なマルチパスウェイ政策へと舵を切ることになった。もちろん、そこにはもうひとつの背景として中国に対する警戒もある。性急なEV推進は、バッテリーやモーターの原材料を牛耳っている中国への依存度を高めることに直結するからだ。

小池都政のお花畑論

とはいえ、いまだEV原理主義に取り憑かれた人たちもいる。その一人が小池百合子東京都知事である。

2023年10月26日から11月5日に開催された東京モーターショー改めジャパンモビリ

ティショーには、自動車メーカーのみならず、スタートアップやエネルギー会社などモビリティに係わる多くの企業が参加し、カーボンニュートラルに向けた様々な取り組みを発表した。「EV100%は非現実的。だからこそ様々な技術やアイディアを持ち寄り、力を合わせて日本の競争力を高めていこう」というのが各社の共通認識である。そんななか、空気をまったく読めていない主張をする人物が現れた。「地球環境×モビリティの未来。持続可能な社会のために」と題したテーマのトークショーセッションに、小池百合子東京都知事の代理として急遽出席した潮田勉東京都副知事だ。事前アナウンスでは小池東京都知事が参加する予定だったが直前にキャンセル。「やっぱり逃げたか」と多くの関係者が呟くなか始まったトークセッションでは、日産の内田誠社長、経済産業省製造産業局長の伊吹英明氏、富士通の大西俊介氏、東京大学未来ビジョン研究センターの高村ゆかり氏などが、現実に即した取り組みやアイディアを披露した。そんな雰囲気を一気にしらけさせたのが潮田氏副知事だ。曰く「東京都は環境先進都市として2030年の〝非ガソリン化〟を目指します」。世界が方向転換をしつつあるなかでの超お花畑発言に対し、会場からは失笑が起こった。非ガソリン化が意味するのは、ガソリン車もディーゼル車もハイブリッド車も締め出すことである。そういう極端なことは不可能だから皆で知恵を出し合ってよりよい方法を探っていきましょう、というのがこのトークセッションの論点であり、ジャパンモビリティショーの主要テーマでもある。そんな場で、カビの生えたような非現実的なワンイシュー解決論を恥ずかしげもなく披露してきた根性は大したものだが、都の目指す「環境先進都市」なるものの薄っぺらさを広く印象づける結果にしかならなかった。そこまで言うなら、都内のパーキングメーターを全部引っこ抜いてEV用充電器に置き換えた上で、夜間駐車を許可するとか、新潟県に行き頭を下げ柏崎刈羽原発の早期再稼働をお願いするとか、実効性や納得感のある行動をまずはするべきだ。それもせず、「地球沸騰化」などというおよそ科学的とは言い難い国連事務総長のコメントを引きながらお花畑論を展開するのが小池都政の実態である。

進む中国製EV包囲網

EV販売減速、の煽りを受け、24年1月～3月期決算では前年同期比で販売台数はマイナス13％、営業収益はマイナス15％、営業利益はマイナス43％。営業利益率も11・4％から5・5％へ半減と、ずらりとマイナスが並ぶテスラ。それとは対照的に、好調ぶりが伝えられているのが中国大手自動車メーカーのＢＹＤだ。電池メーカーとして95年に創業。２００３年に自動車ビジネスに参入してからしばらくは安価なことだけが取り柄のコピーまがい商品を販売していたが、次第に実力を付け２０２３年にはメルセデス・ベンツを抜き世界10番目の規模に成長した。同年日本にも進出し、２０２５年までに年間３万台、つまりフォルクスワーゲンとほぼ同じ販売規模を目指している。理想を高く持つのは決して悪いことではないが、３万台はさすがに盛りすぎだ。モータージャーナリストとして純粋に商品性を評価すれば、内外装の仕上げも走行性能も、多くの方が想像している以上の出来映えになっている。とはいえ、日本では国内メーカー８社に加え、各国の輸入車も販売されている。いくら価格が安くても、ＢＹＤのＥＶを買おうと思う人は少数派だろう。個人的には年間５０００台売れれば上出来と見ているが、まあそこはお手並み拝見である。

ＢＹＤが日本メーカーのライバルになるとすれば、日本国内ではなくむしろ海外マーケットだ。日本メーカーがほぼ独占的な地位を占めているタイでＢＹＤのＥＶ販売は伸び始めているし、他のＡＳＥＡＮ諸国やメキシコ、欧州でも低価格を武器に販売を伸ばしている。ＢＹＤ車をバラバラに分解しコスト計算をした日本メーカーのエンジニアによれば、合理的な説明が付かない安さだという。ドイツのキール世界経済研究所によると、

ＢＹＤが中国共産党から受けた補助金は34億ユーロ（５７００億円）となっているが、地方政府からの補助金や工場用地の提供、ファンドの形をとった実質的な補助金などを含めると、２０１６年から２０２２年の７年間に10兆円近い補助金が入ったという説もある。確証はないが、かつてファーウェイが８兆円の補助金を受け取っていたことや、ＥＵが不公正貿易の疑いがあるとして調査を始めていることなど、状況証拠からみればあながち見当外れとも思えない。それが事実だとすれば、各国の自動車メーカーがコスト競争力で中国メーカーに負けるのは当然の帰結となる。

その他、海外の自動車メーカーに対する地元企業との合弁義務づけや、中国で生産するＥＶへの中国製バッテリー搭載義務付けなど、過去の数々の不公正が中国メーカーの急速な発展の後ろ盾になったのは間違いない。これを受け米国は中国製ＥＶの関税率を１００％に引き上げ輸入を事実上阻止、さらにＢＹＤがＵＳＭＣＡ（米国・メキシコ・カナダ協定）の適用を狙って建設を計画しているメキシコ工場についても、メキシコ政府に圧力をかけ優遇政策を適用しないとの言質を得た。欧州も、前述したように中国製ＥＶの導入に慎重な姿勢だ。日本政府もようやく重い腰を上げ、ＢＹＤ製ＥＶを購入する際の補助金を、２０２３年度の85万円から35万円へと大幅に減額した。中国との経済的な結びつきが強いドイツは反対しているが、西側先進国では中国製ＥＶ締め出しが着々と進行中である。加えて、中国市場においても、激しい値引き合戦の煽りを受け２０２３年1月〜3月期のＢＹＤの純利益はアナリスト予想を大幅に下回る45億７０００万元（９９０億円）にとどまった。業績は伸び悩み、信頼耐久性に対する疑問も内外から出はじめている。そんなメーカーを多くの日本メディアが黒船襲来と盛んに持ち上げていることには違和感しかない。

むしろ日本が警戒するべきなのは、ＢＹＤが欧州のエンジニアリング会社と組んで高効率エンジンの開発を始めていることだ。現状でもＢＹＤの販売台数の約半分をプラグインハイブリッド車が占める。今後ハイブリッド車でも実力を付けてきたら、侮れない競争相手になるだろう。もはやエンジンなどやっている場合ではない、ＥＶ開発に集中しろ、などという無責任な雑音に惑わされず、日本メーカーは自分たちのもっているエンジン技術にさらに磨きをかける必要がある。

最後に。誤解なきように言っておくが、私は決してＥＶ否定論者ではない。乗れば楽しいし快適だしデザインの自由度も高まる。原子力、水力、太陽光、風力といった様々な手段から得られる電気というエネルギーで走れるＥＶを一定量普及させることは、原油の97％を中東に依存している日本のエネルギー安全保障にも有効だ。いちばん近いガソリンスタンドが20㎞先といった地域では、必要最小限のバッテリーを積んだ安価な小型ＥＶが今後受け容れられる可能性も高いだろう。豪華で速い高級ＥＶも商品としては魅力的だ。とはいえ、ＥＶの場合、ガラケーからスマホへの転換のようにはいかない。スマホの普及スピードは減法速かったが、それは政府がスマホに補助金を出したりガラケーの販売を規制したりした結果ではなく、スマホのほうが圧倒的に便利だったからだ。しかし様々な不便があり、値段も高く補助金頼りの現状のＥＶにマーケットでの競争を勝ち抜いて世界のメインストリームになる実力はまだ備わっていない。

ここから先は私の予想だが、２０３５年における日本市場でのＥＶ販売比率は多くて30％、少なくて10％。肌感では15％前後ではないかと考えている。ＥＶを便利に使うには自宅充電が必須だが、日本で戸建てに住んでいる人は55％にとどまる。共同住宅にも今後充電器の設置が進んでいくだろうから合わせて60％とする。そのうちの半数がＥＶを選べば30％になるが、それには価格、補助金、航続距離、公共充電インフラ、充電時間といったＥＶの課題が改善される必要がある。自宅以外の急速充電器で凌ぐ人が少しだけ加わってもせいぜい15％。まあそのぐらいがいいところなのではないか。11年後にこの原稿を読み返すのが楽しみだ。

ロシアが引き起こしたエネルギー危機で始まったグリーン投資の破局

山本隆三（国際環境経済研究所所長）

日本、米国、欧州主要国は２０５０年カーボンニュートラルを掲げ、50年までに脱炭素を実現し、同時に経済成長を実現する「グリーン成長」を目指している。各国がそのために進めてきた政策が、脱石炭であり、再生可能エネルギー（再エネ）導入だ。しかし、ロシアのウクライナ侵攻が引き起こしたエネルギー危機は、グリーン成長戦略を頓挫させた。

エネルギー危機前に、欧州諸国は２０１０年頃から発電部門での脱石炭を進め、減少した石炭火力の発電量を補うため天然ガス火力の利用率を高めた。欧州連合（ＥＵ）での天然ガス消費量は増加し、輸入依存率は約９割となり、その内約５割をロシアに依存するようになった。

その状況に付け込んだのがロシアだ。ロシアは22年2月のウクライナ侵攻前の21年夏ごろから欧州向け天然ガス出荷量を絞り始め天然ガス価格の引き上げに成功した。単価が上昇したので出荷量の減少にかかわらず収入を増やした。ウクライナ侵略前にロシアは戦費を貯めこむことに成功した。

ウクライナ侵攻後、ＥＵはロシア産化石燃料依存からの脱却を目指し、ロシアはＥＵを揺さぶるため化石燃料輸出量の大きな削減を進めた。天然ガス、石油、石炭、すべての化石燃料のロシア依存度を高めていたＥＵと世界一の化石燃料輸出国ロシアとの間の駆け引きは、化石燃料価格を大きく上昇させ、脱石炭・化石燃料を進めてきた投資家の態度にも影響を与えた。

ＥＳＧ、すなわち環境（Environment）、社会（Society）、企業統治（Governance）の観点から石炭を筆頭に化石燃料への投資から撤退していた資産運用会社、機関投資家の中には、化石燃料への投資を再開する動きも出てきた。ＥＳＧの観点から化石燃料への投資を止めたはずなのに、投資を再開するのはなぜなのか。

要は、儲かるものに投資するということだ。石炭への逆風が強まり、需要と収益の低下が予想されたから撤退したが、エネルギー危機によりロシア産以外の石炭を含め化石燃料への需要が堅調になり価格が上がった。儲かればＥＳＧはどうでもよいという態度に見えてしまう。

ロシアの引き起こしたエネルギー危機は、さらに大きな影響をグリーンビジネスにもたらした。エネルギー価格の上昇は、インフレを引き起こし多くの商品の価格が上昇した。この影響を大きく受けたのが、再エネ発電設備だ。原子力、火力発電設備との比較では、太陽光、風力発電設備は、大きな量の資材、セメント、鉄鋼などを必要とし、加えて重要鉱物と呼ばれるレアアースなどの必要量も多くなる。

その結果、インフレの影響を大きく受けた再エネ設備価格が上昇し、欧州北海、米国東部海岸で洋上風力発電設備を建設していた欧米の事業者が相次いで撤退に追い込まれた。工事開始前に契約していた売電価格では、値上がりした資機材費をまかなうことができなくなり、違約金を支払っての撤退に追い込まれたのだ。

ロシアのウクライナ侵攻は、異なる側面からもグリーンビジネスの問題をあぶり出した。ＥＵによるロシアからの天然ガス輸入は冷戦時代の１９７０年にさかのぼる。当時の旧西ドイツは、冷戦時代の緊張緩和のため相互依存を深めれば良いと考え、旧ソ連からパイプライン経由で天然ガスの購入を決めた。米国は対立する旧ソ連にエネルギーを依存するのは大きなリスクとし、旧ソ連向けの天然ガス用パイプラインの輸出を禁止したが、旧西ドイツがパイプラインを輸出し、73年から天然ガスの輸出が開始された。

ロシアのウクライナ侵攻により、強権国家にエネルギーを依存するリスクが改めて認識され、主要国はロシア産エネルギー離れを始めたが、同じく強権国家とみなされる中国依存のリスクもあらためて注目された。中国は再エネ設備での世界覇権を握るべく、国内で大きな太陽光発電、風力発電、電気自動車（EV）市場を作り出した。

その結果、中国は、世界の太陽光発電パネル製造の4分の3、風力発電設備の主要部品でも6割から7割以上、EVでも世界生産の3分の2のシェアを握った。加えて、中国は、再エネ設備に必要な重要鉱物の大半についても大きなシェアを握っている。今、再エネ設備の導入を中国に依存せずに進めることはできなくなった。

ESG投資の頓挫、再エネ設備への投資の破綻、浮き彫りになった中国依存リスクの3点の詳細を見てみよう。

本音はＥＳＧではなく儲けが投資の基準

２０１０年代からの脱炭素、中でも化石燃料の中で最も二酸化炭素排出量が多い脱石炭の動きは、欧州主要国で石炭火力発電所の閉鎖を進め、石炭需要量を減少させた。背景には、１９６０年代から70年代の第二次世界大戦後の復興、経済成長期に建設された石炭火力発電所の老朽化が進み、閉鎖が必要になったこともある。米国でもシェール革命が石炭の需要量を減少させた。

米国では２００８年頃から水平掘削とフラッキング（水圧爆砕）法を組み合わせた技術開発により、固いシェール層に閉じ込められていた天然ガスと石油を商業ベースで取り出すことに成功した。このシェール革命は天然ガス価格を急速に下落させた。

２０００年代まで米国の発電量の約50％を担っていた石炭火力は、天然ガス火力に対する価格競争力を失い、炭鉱地帯から距離があり輸送費がかかる石炭火力を中心に安価な天然ガスへの燃料転換が進んだ。当時のオバマ政権が石炭火力から排出される二酸化炭素削減を目指していたことも石炭火力の燃料転換に影響を与えた可能性がある。

電力需要が大きく伸びている中国とインドでは石炭の生産と石炭火力の発電量増が続い

たものの、欧州、米国では石炭需要量の減少が続き、石炭生産を事業の中心にしていた多くのエネルギー企業が破綻に追い込まれた。公的企業を除くと世界一の石炭企業米ピーボディーエナジーは、2016年に米国において日本の会社更生法に相当するチャプター11の申請に追い込まれた。米国2位の石炭企業アーチリソーシズも同年にチャプター11の申請に追い込まれた。

両社ともに、短期間で更生し株式も再上場したが、再度困難な状況に陥った。その一つはコロナ禍だ。20年1月に米国で初めてのコロナ患者が確認されたが、数カ月後には多くの都市が封鎖され、エッセンシャルワーカーと呼ばれる医療、輸送、エネルギー産業などの従事者のみ外出が許される状況になった。

20年の電力需要は前年比で3％落ち込んだ。加えて輸送用エネルギーの需要減により化石燃料価格は大きく落ち込み、4月には史上初めて原油の卸市場価格がマイナスになった。需要減により在庫が膨らみ、生産された原油を貯めるスペースがなくなり、引き取ることができればお金をもらえる事態になったのだ。

天然ガス価格も下がったため、石炭火力の相対的な競争力と利用率はさらに低下し、20年の石炭火力の発電量は前年比20％減、1973年の第一次オイルショック以降最低まで

図-1　大手エネルギー企業の資本支出額推移

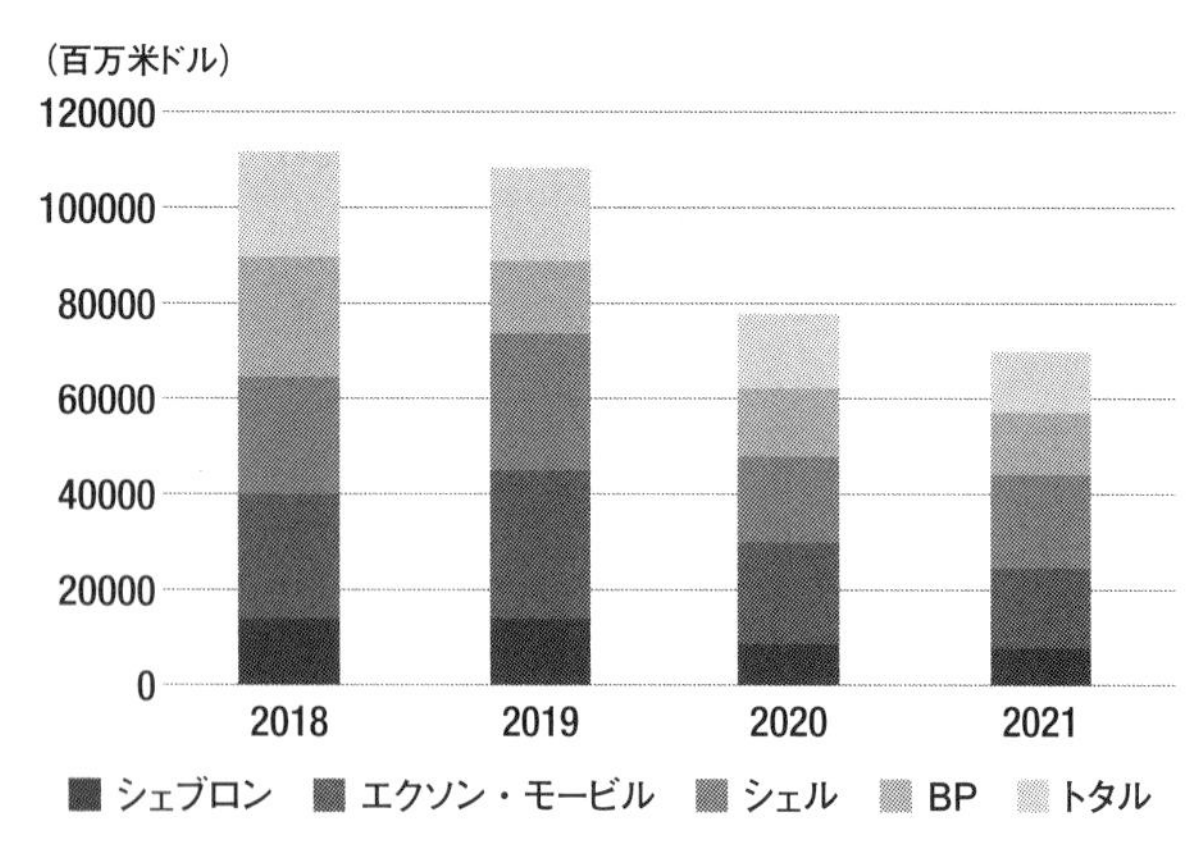

落ち込んだ。２００７年のピーク時の石炭火力発電量との比較では４割を下回るレベルまで下落した。

さらに追い打ちをかけたのが、ＥＳＧ投資だ。ＥＳＧを重視する企業への投融資を行う国際金融機関、機関投資家と資産運用会社の方針が、二酸化炭素排出量が多い石炭を利用する石炭火力発電所と炭鉱への投融資に大きな影響を与えた。欧州投資銀行、欧州復興開発銀行などは、最貧国を除き、石炭火力発電所への投融資を禁止した。民間金融機関、機関投資家もこの脱石炭の方針に続いた。

自動車、船舶、航空機などの輸送部門の主な燃料である石油にも、逆風が吹いた。自動車分野ではＥＶ導入による二酸化炭素削減が目標とされ、多くの主要国が導入のためのＥＶ購入の補助金支出などの支援制度を導入した。航空機、外航船、長距離トラックなど電動化が難しい分野では、水素から製造する合成燃料、水素を利用する燃料電池の利用が検討された。

世界の大手エネルギー企業は、将来の化石燃料への需要減と価格の下落を想定し、投資額の削減を始めた。そんな中でコロナ禍は需要見通しを下押しし、投資額はさらに減少した（図1-1）。化石燃料の需要減は、資産運用会社の方針にも影響を与えた。

世界最大の資産運用会社ブラックロックは、20年1月に燃料用一般炭の生産と販売が売り上げの4分の1を上回る企業への投資をESGの観点から行わないことを決めた。しかし、燃料石炭の需要減に加えてシェールガスとの競争により収益が低迷した石炭会社への投資を行わないのは、ESGの観点ではなく、収益面からの判断のようにも思えた。

再上場したピーボディーエナジーの株価は18年40ドルを超えたが、20年には2ドルまで低迷した。アーチリソーシズの株価も19年100ドルを超えたが、20年には20ドルまで下がっていた。どの投資家も将来需要も売り上げも落ちると判断される産業への投資は行わない。

22年2月のロシアによるウクライナ侵攻は、ESG投資をどこかに吹き飛ばした。ロシアのウクライナ侵攻により、欧州諸国はロシア産化石燃料への依存を止めることを迫られた。ＥＵ需要におけるロシア産化石燃料への依存度は、天然ガス約4割、石油約4分の1，石炭約2割だったが、依存度の高い天然ガスを巡るＥＵとロシアの駆け引きの中で天然ガス価格は急上昇した。22年秋には侵攻前の10倍になった。

天然ガス価格の上昇による電気料金上昇に直面した欧州諸国は、天然ガス火力に代え石炭火力の利用率を上昇させ電気料金を抑制する策を取ったが、ＥＳＧの観点から投融資が減少していた石炭会社は生産量を増やすことができなかった。燃料用の石炭価格も史上最高価格になった。

石炭会社の収益も改善した。ピーボディーエネジーの株価は20ドルを超えるまで回復し、アーチリソーシズの株価は１６０ドルを超えた。投資家から将来はないとみられていた石炭会社は復活した。さて、ブラックロックはどうしたのだろうか。

22年10月英国議会の委員会に呼ばれたブラックロックのＣＥＯ（最高経営責任者）は、「石炭、石油、天然ガスへの新規投資を行わないネットゼロを支持するか」との質問に対し、「ブラックロックの役割は顧客の信託に応えることであり、現実社会で脱炭素の結果を導くことではない」と答え、脱石炭を放棄したことを明らかにした。23年ブラックロックは方針の変更を発表し、今後ＥＳＧとの言葉を使わないと宣言した。その後ブラックロックはＥＳＧファンドを閉鎖した。

ＥＳＧ投資に関する大きな方針変更だが、理由は簡単だ。投資の基準は利益なのだ。ＥＳＧ基準を使えば、収益が高い企業を選択できると考えていたが、ＥＳＧ基準では必ずしも高収益の企業を選択できるわけではないと分かったのだ。ＥＳＧ基準に適さないとした企業が高い利益を生めるのであれば、投資対象になるのだ。本当はＥＳＧ基準で投資を選択していなかったようだ。ＥＳＧは基準にはならないとの本音をＣＥＯは述べただけだろう。

インフレに弱く破綻する再エネ投資

23年5月に開催された広島Ｇ７（先進国首脳会議）の首脳宣言では、再エネ設備の導入に関する目標も織り込まれた。30年までに現在Ｇ7国の設置容量２３００万キロワット（ｋＷ）の洋上風力発電設備をさらに１億５０００万ｋＷ増やし、７カ国の設置容量３億１２００万ｋＷの太陽光発電設備を10億ｋＷに増加させることが目標とされた。

日本でも12年の固定価格買取制度（ＦＩＴ）の導入以降、設備導入が容易であり、かつ

ＦＩＴで高値の買取価格が認められた事業用太陽光発電を中心に急速に再エネ設備の導入が進んだが、日照に恵まれ、地形もよい土地価格が安い設備設置の適地が減少している。今、政府が本格導入を図っているのは洋上風力発電だが、コストの上昇に直面している。

再エネ設備導入については、「設備費が規模の経済と習熟曲線により毎年のように下がっているので、発電コストも毎年下がり、再エネの発電コストは石炭、石油などを利用する火力発電設備のコストよりも安くなっている」との主張が聞かれるが、ロシアが引き起こしたエネルギー危機により、再エネ設備のコストは大きく上昇している。

再エネ設備の発電量当たりの必要な鉄鋼、セメントなどの資材量は、火力、原子力発電設備を上回り、インフレの影響を他の設備との比較では大きく受ける。さらに、レアアースなどの重要鉱物の必要量も相対的に大きくなる。

インフレによる設備費の上昇は、欧州北海、米国東部海岸で建設工事中だった多くの洋上風力事業を中断に追い込んだ。洋上風力事業では、事業者は工事開始前に想定される発電量の売買契約を、電力会社あるいは政府と締結する。今までは、数年以上にわたる工事期間中に設備費は下がる傾向にあったが、エネルギー危機によるインフレは大きく設備費を上昇させた。

エネルギー危機により、欧州諸国の電気料金、エネルギー価格は大きく上昇した。家庭用電気料金が規制されているイタリアでは3カ月ごとに政府が料金を決めるが、政府の補助後でも電気料金はエネルギー危機前の3倍になった。他の主要国でも数十パーセントの上昇になった。エネルギー価格の上昇は多くの資機材の価格を押し上げた。

英国北海で140万kWのノーフォーク・ボレアス洋上風力事業を進めていた、スウェーデンのエネルギー企業バッテンホールは、23年7月事業の中断を発表した。英国政府の再エネ導入支援制度に基づき22年に英国政府と合意した売電価格は12年価格で1MW時当たり37・35ポンド、現在の価格に換算すると約45ポンド（1kW時当たり約9円）だった。合意した売電価格の見直しは認められないが、資機材費は40％上昇した。合意していた価格では赤字になることから、損失を計上し事業を中断した。

英国政府が23年に実施した洋上風力事業の入札上限価格は、着床式で1MW時当たり44ポンド（1kW時当たり約9円）、浮体式で116ポンド（約23円）だったが、入札者はいなかった。24年の入札では上限価格は、着床式73ポンド（約14円）、浮体式で176ポンド（約35円）に引き上げられた。

事業者は米国北東部でも苦境に陥っている。米国北東部は民主党の地盤であり温暖化対策にも熱心に取り組む州が多い。電源の脱炭素化を目指す一つの方法として取られたのが洋上風力の導入だった。世界最大の洋上風力事業者デンマーク・オーステッドを中心に欧米企業が工事を進めたが、資機材費の上昇に直面し相次いで事業を中断した。

米国の大手エネルギー企業アバングリッドは、マサチューセッツ州の122万kWの洋上風力事業について同州の3電力会社との間で売電契約を22年に締結したが、23年7月に4800万ドル（約75億円）の違約金の支払いによる契約解除に合意した。

23年11月オーステッドは、ニュージャージー州の225万kWの事業について中断を発表した。最大56億ドルの減損が生じるため、株価は大きく下落した。21年1月に1300デンマーククローネ（3万円）を上回っていた株価は、23年11月に300クローネを下回り、24年4月の段階でも少し戻したものの400クローネを下回っている。

英BPはノルウェーのエクイノールと共同で進めるニューヨーク州の3事業（合計330万kW）について、州政府に対し契約期間の延長と合わせ3事業の売電価格、1kW時当たり11・838セント、10・75セント、11・8セントを、それぞれ15・964セント、17・784セント、19・082セントへの引き上げを要請した。最も高い価格は、日本円で1kW時当たり30円だ。

州政府公共事業委員会は要請を拒否したが、同委員会によると見直しにより家庭用電気料金の2・3％から6・7％引き上げに相当する影響がある。24年1月にBPとエクイノールは一部事業の中止を発表した。ニューヨーク州政府は、BP／エクイノールとオーステッドの事業を再入札することとし、現在の事業者にも入札が認められた。その結果、オーステッドとエクイノールの落札が24年2月に発表され、旧契約に代わり新契約を締結することが認められた。契約は24年の第2四半期に締結される予定だ。

ニューヨーク州は、30年までに900万kWの洋上風力を導入する計画を持ち、23年10月に合計400万kWを超える3事業について事業者と合意したと発表した。この3契約によりニューヨーク州の家庭の平均支払額は月2・93ドル上昇する見込みとされている。洋上風力の電気料金への影響は小さくない。

洋上風力設備は、二酸化炭素を削減し、エネルギー自給率の向上につながるメリットがあるが、電気料金に与える影響を考えると費用対効果に疑問があると言わざるを得ない。日本でも秋田県沖、千葉県銚子市沖などに導入のための海域が設定され、入札が実施されている。

現在の入札価格は、競争力のあるレベルになっているが、北海よりも、米国東海岸より

図-2　独陸上風力設備と雇用者数

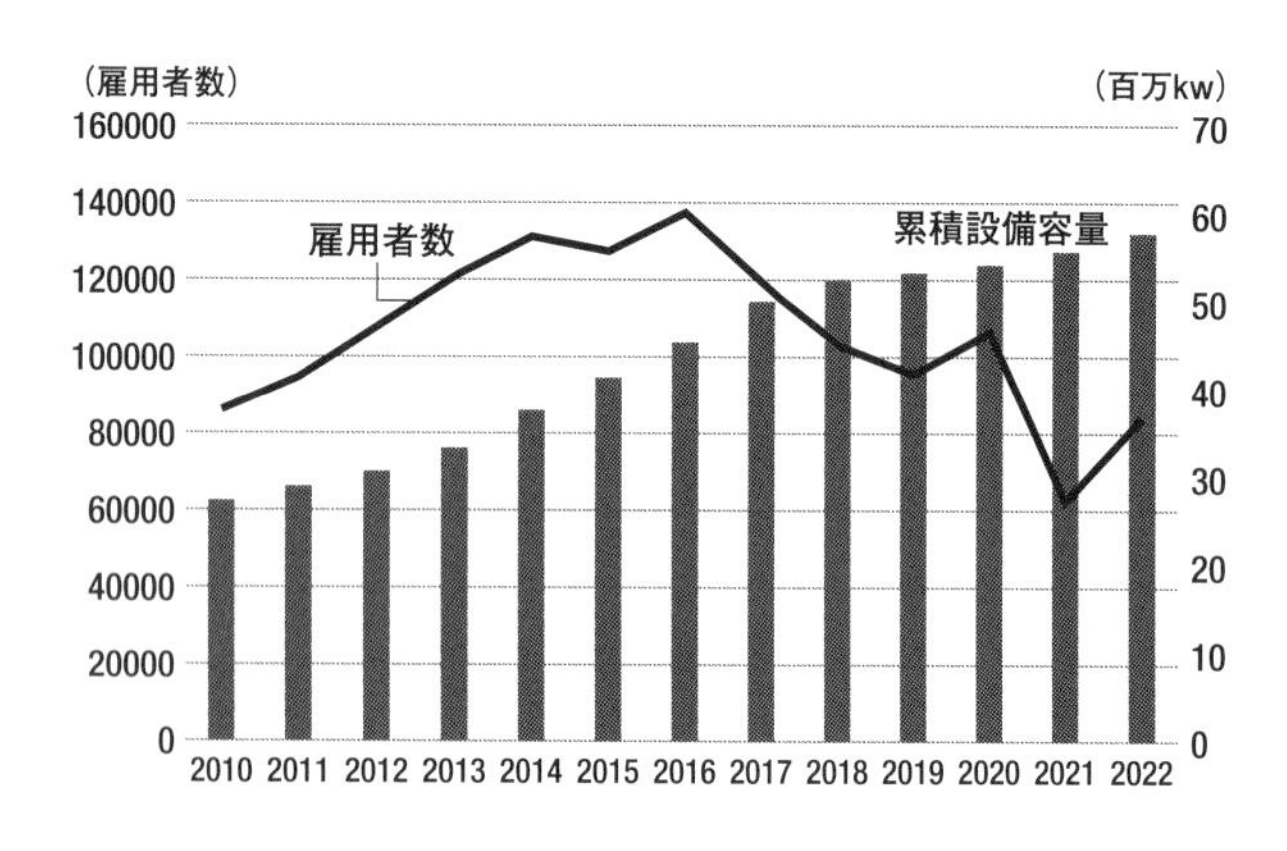

も風況が劣る日本の洋上風力の発電コストが、中長期的に北海、米国北東部を下回ることは考えられない。しかも、日本の海岸は遠浅ではないので、やがて着床式から浮体式に設備は変わり、投資額はさらに膨らむ。発電コストも上昇する。中長期的には電気料金を通し導入を支える必要があるだろう。

洋上風力導入地域として選定されているのは、人口減少が進む地域だ。たとえば、千葉県銚子市は、首都圏のため人口減少がなだらかな千葉県の中で大きく人口減少が進むと想定されている。そのため洋上風力設備の導入が進む地域は、地元での雇用増に期待している。しかし、再エネ設備導入による雇用の大半は、建設工事に係るものだ。

たとえば、再エネ設備の導入が多いドイツにおける陸上風力発電設備に係る雇用は、導入設備容量に左右されている（図1―2）。雇用の主体は工事に係るものだ。再エネ設備が設置された場所で働いている人を見かけることは、ほとんどない。遠隔地からパソコンで管理しており、トラブル発生時に人を派遣するだけだ。要は、恒久的な雇用は少なく、現地で工事が終われば雇用はなくなる。

洋上風力設備と部品製造への期待もある。部品数が多いので、日本でも部品を製造可能との主張だ。しかし、部品数が多い製品は、車に象徴されるようにサプライチェーンが確立されており、そこに割り込むことは簡単ではないし、高い価格競争力が要求される。かつて風力発電設備を製造していた日本企業はすべて撤退した。今中国が世界の再エネ設備市場の覇権を握っている。そこに割り込めるのだろうか。

中国が握る世界の再エネ設備と重要鉱物

中国は、15年以上前からこれからのエネルギーの世界は再エネ主体に変わると考え、覇権を握ることを考えたのではないか。そのため、まず国内で再エネ設備の大量導入を進めた。最初に手掛けたのは太陽光発電設備だった。

２０００年代、世界の太陽光パネル市場を握っていたのはシャープ、京セラなどの日本企業とドイツQセルズだった。中国は国内で太陽光発電設備の導入を進める一方、地方政府からの低利の融資などを通しパネル製造企業を支援した。その結果、日本企業は急速にシェアを失い、ドイツQセルズは破綻に追い込まれ韓国企業に買収された。

今、中国企業は太陽光パネルの部品であるセルの世界製造シェアの9割以上、パネル製造の7割以上のシェアを握っている。世界のパネル生産上位10社の中に日本企業は見当たらず、中国企業が8社、米国1社、韓国1社になった。23年第4四半期の日本での太陽光パネル導入量１５９万kWのうち、国内生産品は9万kWのみであり、輸入品のシェアは94％に達している。

12年に開始されたＦＩＴでは、太陽光発電の電気の買取価格が高く設定され導入が容易な太陽光発電設備が爆発的に増加した。制度開始以来23年9月までの再エネ設備からの累計発電量約８０２４億kW時の内、太陽光発電が５５７０億kW時を占めている。金額では累計買取額約27兆円の8割弱、20兆８０００億円を占めている。私たちの電気料金で中国企業を支援する制度になった。

日本が力を入れる洋上風力でも同様のことが起きそうだ。陸上風力では世界の導入量の

図-3　洋上風力国別累積導入量

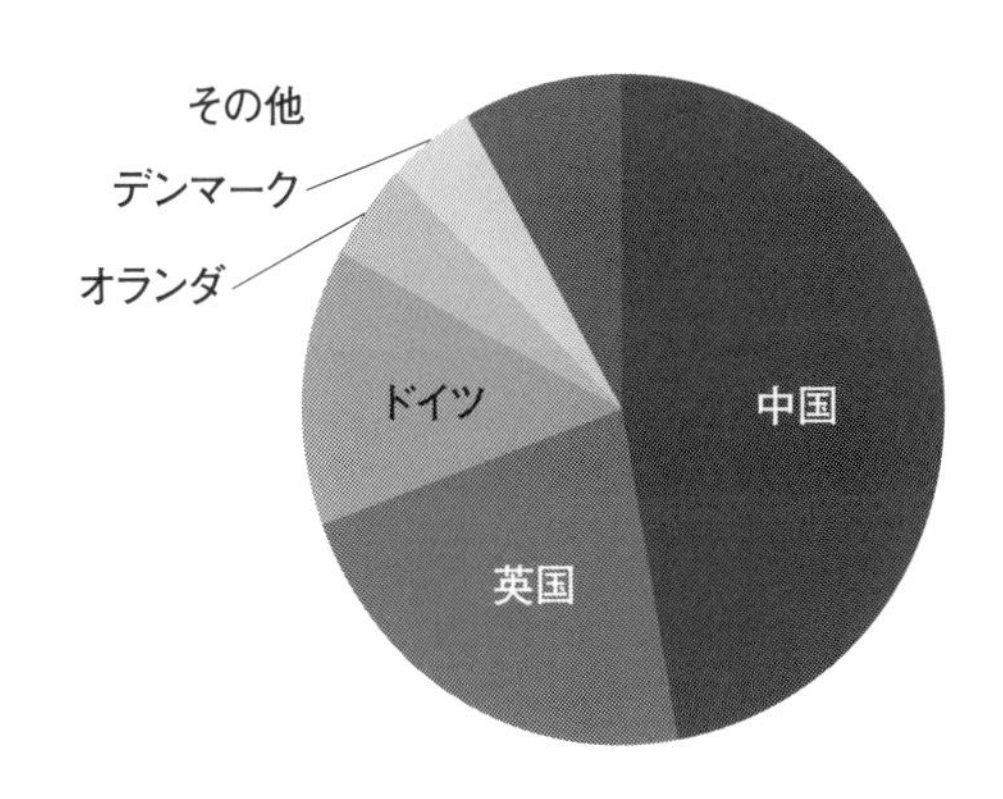

約4割を占める中国は、洋上風力では風況に恵まれる北海を持つ英国、ドイツなどに後れを取っていた。しかし、これから洋上風力市場が大きく伸びると考えた中国政府は、ここ数年の間に急速に洋上風力設備導入を増やし、世界の洋上風力設備累計導入量の約5割を握った（図ー3）。

その結果、風力発電設備主要部品製造において中国企業が急速に力をつけ、今中国は、主要部品製造の6割から7割のシェアを持つようになった（図ー4）。日本が洋上風力の導入を進めれば、結局太陽光パネルと同様に中国企業支援に終わる可能性が高い。

日本での太陽光、風力設備導入量には自然条件から限度がある。この問題を解決するため、中国あるいはモンゴルに風力発電設備を設置し、韓国経由の

図-4　風力発電設備国地域製造能力

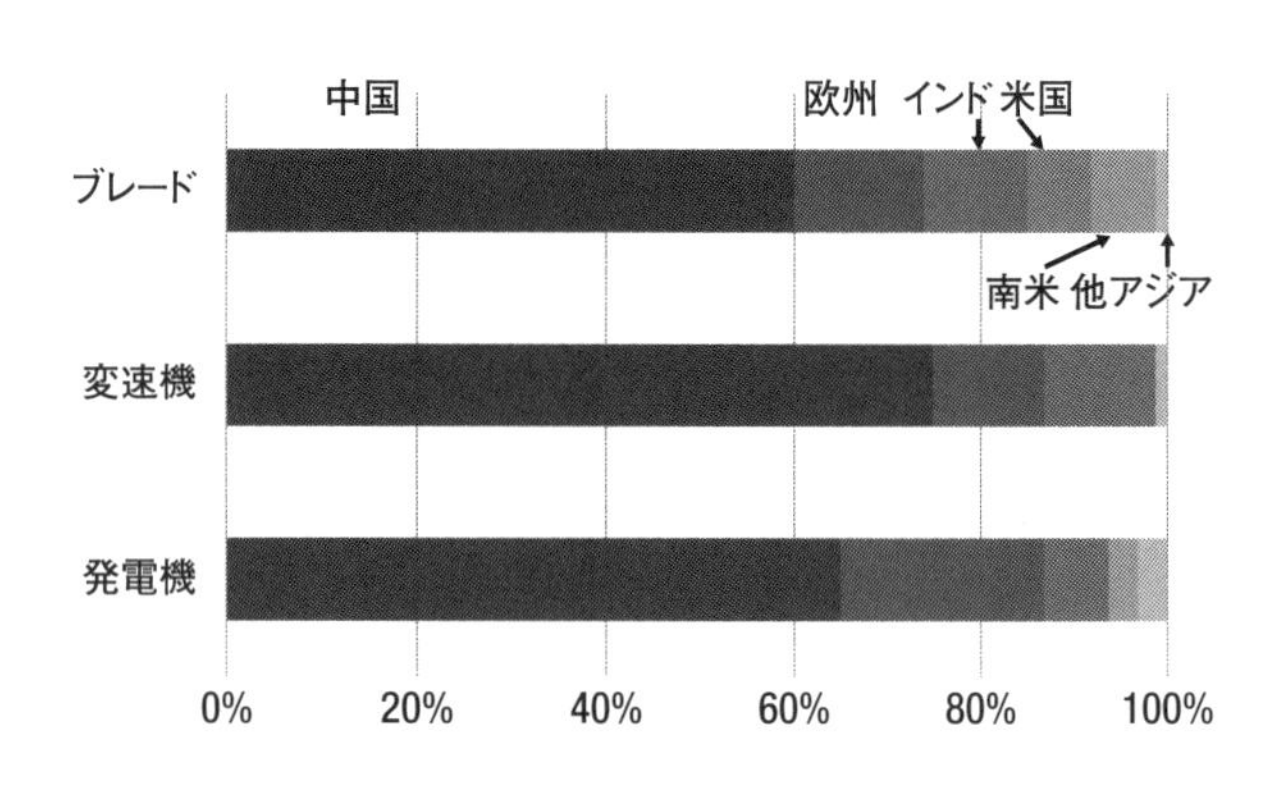

送電線を敷設し日本へ送電を行う構想を進める自然エネルギー財団の21年の資料では、中国から松江、ロシアから石狩にそれぞれ1000万kWの送電線を敷設する計画が述べられている。

ロシアにパイプライン経由の天然ガスを依存していたEU諸国が、天然ガス価格の上昇により大きなインフレを経験し、ロシア産化石燃料からの脱却に苦慮している現状を見れば、独裁国家にエネルギーを依存することはあり得ない。中国あるいはロシアが、データセンター、重要施設への電力供給を止めることを可能にすることは論外だろう。

中国が覇権を持つのは、蓄電池、EVでも同様だ。中国政府は大気汚染対策もあり、都市部を中心にEV導入を進めた。もちろん最大の狙いは、産業振興とEV生産により世界の市場を握ることだ。都市部では内燃機関自動車を購入するためのナンバー取得が難しいが、ＥＶには優先的にナンバーを割り当て、導入を支援した。補助制度もあり、中国は世界のＥＶ販売の6割を占めるＥＶ大国になり、世界のＥＶ生産台数の約3分の2が中国製になった。

日本で販売されている米国、ドイツブランドのＥＶの中にも中国製が増えている。中国から欧州向けに輸出されるＥＶの台数も増えており、中国は、23年には日本を抜き世界一の自動車輸出国になった。再エネ設備に続き、ＥＶでも覇権を握ったが、主要国は輸送部門の脱炭素を図るためＥＶの導入を進め間接的な中国支援を続けている。

主要国が進める脱炭素政策は、再エネ設備とＥＶ導入を通し中国支援につながっている。世界に先駆け国内市場を作り製造業を育てた中国の戦略が実ったように見える。主要国が進める脱炭素政策の一つは、再エネ設備の導入加速、輸送部門での電気の利用だが、電気の利用が難しい分野もある。トラック、長距離バス、航空機、さらに高炉製鉄、化学部門などでは電気の利用が難しいので、水素の利用が進められると考えられている。欧米日は水素戦略も進めている。

電気と水素の利用に将来のエネルギー市場は変わっていくとして、ＥＵはグリーンディール政策、米国はインフレ抑制法を導入し水素製造と需要の創出にも支援を行っている。日本ではＧＸ（グリーントランスフォーメーション）が進められ、その中に水素の利用も含まれているが、再エネ、ＥＶだけでなく水素の分野でも中国の影響力を排除することは既に困難だ。

今水素は、アンモニア、肥料などの原料に利用されており、世界で年間約９５００万トンが製造されている。水素の大半は、天然ガスあるいは石炭から水蒸気メタン改質法により製造されているが、製造時に天然ガス原料の場合には水素１トン当たり８から９トン、石炭の場合には20トン近い二酸化炭素が排出される。水素製造に伴うCO_2排出量は年間約９億トンになり、ドイツの排出量を上回る。

輸送用あるいは化学産業などで水素の需要量は大きく伸びると想定されているが、その製造を化石燃料から行うのでは二酸化炭素の排出を避けることはできない。これからは水の電気分解による製造が主体になると考えられるが、電気分解装置が利用する電気は、再エネあるいは原子力発電からになる。非炭素電源を利用し水の電気分解により生産される水素はクリーン水素と呼ばれるが、１kgの水素製造には約50ｋＷ時の電力が必要なので、電力コストが水素のコストに大きく影響する。

さらに、コストとして大きいのは、水の電解装置の価格だ。アルカリ電解装置が主流だが、その価格は1kW時当たりで1000ユーロを超えるので、利用率を高めなければ、水素のコストに跳ね返る。中国は、アルカリ電解装置の世界シェアを5割近く保有しており、またその価格は、西側主要国が製造する装置の数分の一と言われている。

水の電解装置でも中国の影響力を排除することは難しいが、さらに大きな問題もある。電解装置、再エネ設備、蓄電池、EVなどには大量の鉱物、レアアースが使用されるが、中国が鉱物、レアアースの大半を供給している。リチウムなど他国でも採掘が行われている鉱物も多くあるが、精錬工程の環境負荷が極めて高いので、多くの国は中国に鉱物を送り精錬している。たとえば、世界のリチウム鉱石生産では15%しかシェアがない中国の精錬後のシェアは56%になる。

設備だけではなく、重要鉱物も中国に依存している。強権国家にエネルギーに係る設備、重要資機材、鉱物を依存することは、安全保障に係る問題なので、主要国は脱中国のため鉱物の生産、精錬を自国あるいは同盟国内で行う一方、リサイクル率を高めることを戦略として打ち出している。

欧州委員会は、EU内での重要鉱物調達に関し30年までに達成する次の努力目標を打ち出しているが、30年時点でも中国依存度を65%にしかできない状況のように見える。

・年間消費量の最低10%を域内で採掘
・年間消費量の最低40%を域内で加工
・年間消費量の最低25%を域内のリサイクルで賄う
・1カ国からの輸入量を年間消費量の65%以下にする

グリーン成長は可能か？

移り気な投資家、価格が高騰する再エネ設備、高まる中国依存リスク。グリーンビジネスを取り巻く環境は厳しさを増す一方、現状を見ると世界のエネルギー消費の8割は依然石油、石炭、天然ガスの化石燃料だ。化石燃料の消費量は増え続けている（図1-5）。これから、途上国の経済発展に伴いエネルギー消費量は増えるが、脱化石燃料は可能だろうか。

脱炭素を進めれば、エネルギーコストは上昇する。欧米諸国は経済成長を実現する中でコスト上昇分を吸収する一方、EUは国際競争力を維持するため、輸入品に対し国境で製品製造時の二酸化炭素排出量に応じ課税する計画だ。

図-5　世界の化石燃料消費推移

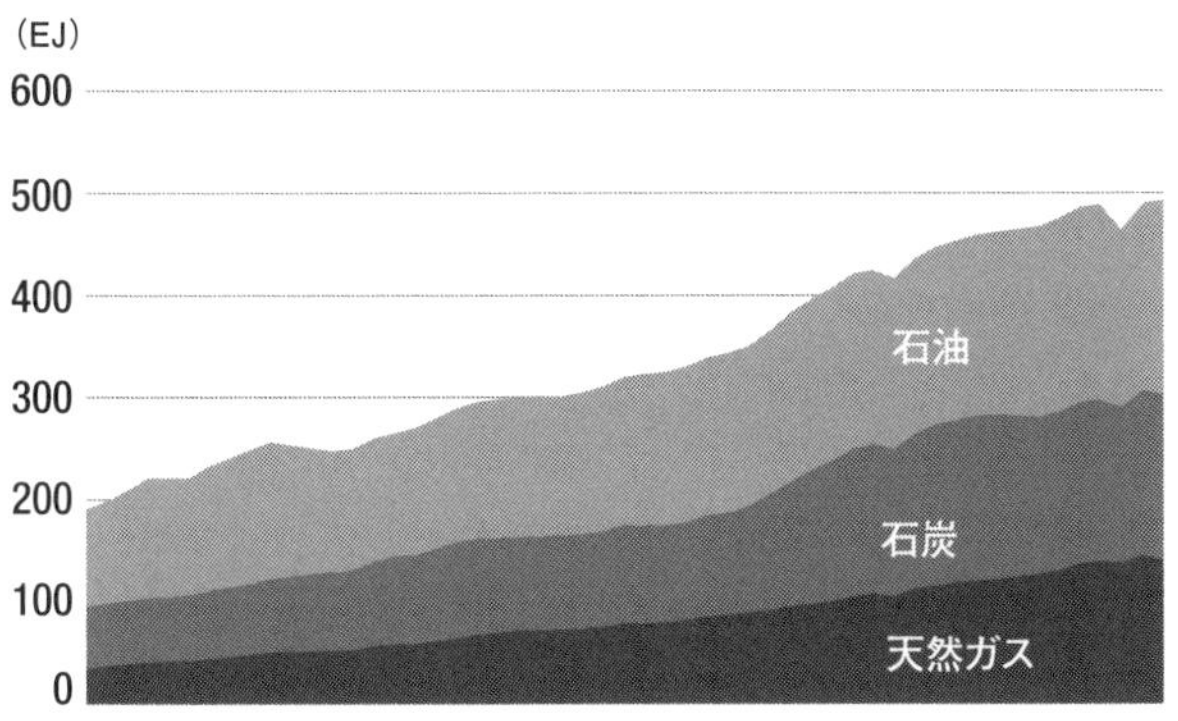

人口減少に見舞われる日本の事情は異なる。2070年までに人口は3割、生産人口は4割減少すると予測されている。市場が縮小する中で経済成長を実現し上昇するエネルギーコストを吸収することは困難だろう。GXによる150兆円超の投資が予定されているが、最終的に負担するのは全て企業と国民だ。GXによる成長は極めて疑わしい。

二酸化炭素をはじめとする温室効果ガスによる温度上昇、またその社会、経済への影響については不透明なことも多い。私たちはもう少し楽観的に温暖化問題を考えた方がよいのではないか。日本は脱炭素により高くなるエネルギー価格に向き合う余裕はない。

ＳＤＧｓ・ＥＳＧ・脱炭素宣言バブルの終焉

藤枝一也（素材メーカー環境・ＣＳＲ担当）

相次ぐＥＳＧ・脱炭素への逆風

２０２０年10月の「２０５０年カーボンニュートラル」宣言、２０２１年４月の「２０３０年に２０１３年比46％削減」目標の表明以降、日本の産業界は脱炭素一色となった。そして脱炭素とともに企業に対して多大な影響を及ぼしてきたのが２０１５年に国連で採択されたＳＤＧｓ（持続可能な開発目標）と、近年世界的な潮流と言われてきた

ESG投資（E：環境、S：社会、G：ガバナンス）である。

SDGsは貧困、環境、人権など17分類169項目の目標があり、序文に書かれている「誰一人取り残さない」というフレーズも有名だ。ESG投資は、利益やキャッシュフローなどの財務情報だけでなく、環境、社会、ガバナンスといった非財務情報も加味することが長期的なリターンにつながるという考えのもとに行われる投資手法である※1。

近年、メディアやコンサル、金融機関などが「SDGs・ESGこそ世界の潮流！」「日本は遅れている！」「バスに乗り遅れるな！」と言って日本企業を煽ってきた。しかし、海外ではSDGs・ESG・脱炭素のいずれもピークを過ぎており終焉に向かっているのが実情だ。日本国内ではあまり見ないESG・脱炭素への逆風に関する報道を以下に整理する。

◆2021年

・G7サミット首脳宣言、G7貿易大臣会合閣僚宣言で「サプライチェーンにおける強制労働排除」が表明され、問題取引が多い分野として「農業、太陽光、衣料品」が明記された。

・国連人権高等弁務官事務所（ＯＨＣＨＲ）が中国新疆ウイグル自治区で深刻な人権侵害が行われていると指摘する報告書を公表。
・米国でウイグル強制労働防止法が施行され、中国製太陽光パネルが輸入禁止に。

◆２０２２年
・米国21州の検事総長が米証券取引委員会（ＳＥＣ）に対しＥＳＧ情報開示規則案に反対する書簡を送付。
・気候変動枠組条約第27回締約国会議（ＣＯＰ27）で国連専門家グループが報告書を公表。CO_2排出ゼロ宣言の多くがグリーンウォッシュ※だと非難。

◆２０２３年
・年金基金によるＥＳＧ考慮を否定する決議が米国連邦議会の上下両院で採択（直後に大統領が拒否権を行使）。
・米格付け会社Ｓ＆Ｐグローバル・レーティングがＥＳＧ定量評価の公表を中止。
・米資産運用会社ゴールドマン・サックスがパリ協定気候変動米国大型株ＥＴＦ（上場

※実体が伴わないのに環境に配慮していると偽る行為

投資信託）を閉鎖。

・世界最大の気候投資家グループ「クライメート・アクション100＋」からJPモルガン・アセット・マネジメント、ブラックロック、ステート・ストリート・グローバル・アドバイザーズの大手3社が離脱。

・EUがカーボンオフセットを伴う企業の「カーボンニュートラル」主張を2026年以降禁止することで合意。

・COP28議長国UAEのスルタン・アル・ジャベル気候変動特使が「化石燃料廃止が気温上昇を1・5度に抑えることにつながるという科学的根拠はない」と発言。

◆2024年

・米SECが気候情報開示新規則からスコープ3義務化を削除。

・米調査会社モーニングスターが、2020年以降で初めてESGファンドの解約数が新設を上回り資金も流出していると発表。

・COP29議長国アゼルバイジャンのイルハム・アリエフ大統領が「化石燃料への投資を続け、生産を続ける権利を擁護する」「化石燃料は神々からの贈り物」と発言。

これらは海外ニュースのごく一部の見出しを抜き出したに過ぎない。本来は日本企業もESGや脱炭素に対する逆風を把握した上で各社が経営判断をすべきなのだが、国内ではこれらの情報に触れる機会が極端に少ないため経営者の意思決定に偏りが生じている。

なお、SDGsに関するトピックがないのは、後述する通り海外ではほとんど話題になっておらずSDGsなど知られていないからである。

SDGs・ESGバブルは衰退局面に入っている

日本のSDGsの進捗が世界19位にランクダウン――。国連と連携する「持続可能な開発ソリューション・ネットワーク」が2022年6月に各国のSDGs達成状況をまとめた報告書を発表した。この手のランキングは評価基準によっていくらでも結果が変わるものだが、「日本はSDGs後進国！」「ジェンダーフリーが進んでいない！」「火力発電を廃止せよ！」などと唱える言説が後を絶たない。そこで、世界中の誰もが調査可能で、日本が圧倒的に世界一であるSDGsランキングをご紹介しよう。

Ｇｏｏｇｌｅトレンド（https://trends.google.co.jp/）は、対象期間内の検索量の推移と、国・地域別のランキングがひと目で分かるものだ。流行のチェックだけでなく広告や製品開発のマーケティング等でも広く活用されている。キーワードを「ＳＤＧｓ」、対象地域を「すべての国」、期間を「２００４〜現在」として２０２４年４月末時点の結果を見ると、世界全体のＳＤＧｓ検索量は２０１５年から徐々に増加し２０２１年11月にピークを迎え、以降は減少に転じており２０２４年はピーク時の50％〜40％で推移している。わずか２年強で半減したのだ。

国・地域別のランキングを見ると日本がダントツの１位（１００％）だ[※2]。２位ルワンダ（69％）、３位ジンバブエ（35％）と途上国が続き、10位以内の先進国は８位台湾、10位韓国だけだ。おかしい。ＳＤＧｓは世界の潮流であり、欧米諸国が進んでいて日本は遅れているはずなのだが。ひょっとしたら他の先進国では「ＳＤＧｓ」ではなく別の表現で検索しているのかもしれない。そこで「Sustainable Development Goals」などいくつか英語表記で調べてみた。当然ながら日本は50位以下に落ちるのだが、上位はマラウイ、シエラレオネ、ウガンダなど途上国ばかりで先進国は全く出てこない。人口と順位の相関も見られないため、先進国ではＳＤＧｓなど誰も検索していないのだろう。

同様に、Ｇｏｏｇｌｅトレンドで「ＥＳＧ」「ESG investing」「ESG funds」「carbon neutrality」などを調べても、２０２１〜２０２３年がピークでいずれのキーワードも減少に転じている。ＳＤＧｓ・ＥＳＧバブルは衰退局面に入っていることを日本企業は認識したほうがよい。それどころか、ＥＳＧ・脱炭素を継続するとグリーンウォッシュとして非難されかねない状況が訪れているのだ。

国連が企業の脱炭素宣言を「グリーンウォッシュ」と非難

２０２２年11月にエジプトで開催されたＣＯＰ27において、国連専門家グループから「企業のCO_2排出ゼロ宣言はグリーンウォッシュ、空疎なスローガン、誇大広告」「信頼性の低い炭素クレジットが横行」などと指摘する報告書が公表された。主な内容を見てみよう。

・ネットゼロに対する遅延、偽り、いかなる形のグリーンウォッシュも許さない。
・世界の上場企業のうち最大手の３分の１がネットゼロのコミットメントを行っている

が、その目標が企業戦略にどのように組み込まれているかを示しているのはその半分だけ。他のほとんどの企業はネットゼロ目標のみか設定する意向を発表しているだけ。

・炭素クレジットの基準や定義が未整備。多くの企業が低価格の任意市場に参加している。

筆者はこの提言に一切同意しない。脱炭素バブルをつくってきた頭目の国連が後からこのような指摘をするのはご都合主義、マッチポンプと言わざるをえないからだ。グリーンウォッシュまがいの脱炭素宣言だらけにしてしまった張本人が国連と言えよう。

しかしながら、企業に降りかかる現実問題として、２０３０年半減や２０５０年ゼロ宣言を行っている場合、グリーンウォッシュと指弾される可能性が出てきたのである。省エネや再エネ導入などの自助努力だけで達成を見込んでいればよいが、政府の２０３０年46%削減を前提としている日本企業は少なくない。この背景には購入電力のCO_2排出係数（１ｋＷｈ当たりのCO_2排出量）が46%程度改善するという期待がある。

ただし、国として46%削減目標を達成した場合でも、電力の排出係数が改善するとは限らない。かつて京都議定書では「２００８年〜２０１２年の平均で１９９０年比６%削減」という国の目標を達成したが、これはクレジット購入と森林吸収分の算入による見かけ上の辻褄合わせであり、実際のCO_2排出量は単年ですら一度も6%削減を達成できなかったのだ。当時、企業単体ではエネルギー使用量を6%削減しても購入電力のCO_2排出係数が悪化したため目標未達となる企業が続出してしまった。第6次エネルギー基本計画で示された30年の電源構成も実現は困難であり同じ歴史を繰り返す可能性が高い。購入電力の排出係数46%改善を前提としていた企業は、炭素クレジットを利用して無理やり目標を達成しようとするだろう。

残念ながら、これでは国連が指摘する通り見せかけの脱炭素宣言と非難されても仕方がない。企業側に悪意などなく、気候変動を経営の重要課題と位置付けた上で脱炭素目標を立てたのに「見せかけ」「グリーンウォッシュ」と言われるのは心外だろう。しかし、脱炭素を宣言しさえすれば賞賛される時期は終わったのだ。サステナビリティ部門の担当者には自社の脱炭素宣言やCO_2実質ゼロを謳った製品・サービスについて虚心坦懐にふり返ることをおすすめする。購入電力の排出係数46%改善を前提としていたり、クレジットの購入を折り込んでいたり、そもそも削減計画に白地がある場合は、いったん宣言を取り下げるのがリスク管理としても企業倫理としても正解だろう。

2026年以降は「カーボンニュートラル」と言えなくなる

EUは2023年9月、不当商行為指令（UCPD）と消費者権利指令（CRD）を改正し、2026年までに企業の「カーボンニュートラル」主張を禁止すると発表した。2023年10月2日付日経BPによれば、排出量相殺に基づく主張が違法となり、企業がオフセットを必要とせずに達成できることを証明できない限り26年までに「クライメート・ニュートラル」の主張を禁止するとされている。

いまだ脱炭素一色の日本ではほとんど報じられていないが、欧州委員会が2023年9月19日に以下のプレスリリースを公表している。

・消費者は環境に配慮した正しい選択をするために必要な情報を得ることができ、また、グリーンウォッシュやソーシャルウォッシュ、その他の不公正な商慣行からよりよく保護されることになる。

・温室効果ガス排出オフセットに基づく不公正な主張を禁止商慣行リストに含める。取引業者は、検証されていないオフセットプログラムに基づいて、製品の環境影響が中立、低減、改善されていると主張することができなくなる。

「検証されたオフセットプログラム」とは、おそらく2005年に開始された欧州排出量取引制度（EU-ETS）や、熱帯雨林の保護によるCO_2吸収量を炭素クレジットとして発行するREDD+（レッドプラス）などを指すのだろう。しかし、炭素クレジットの検証はブラックボックスである。怪しげな民間組織と違って国や国際組織が主導しているから安心できるとは限らない。

EU-ETSは長らく、エネルギー使用量が大きく貿易依存度の高い企業に対して無償で過大な排出枠が与えられており、CO_2削減義務の抜け道になっているとの指摘が絶えなかった。2023年の制度改正によって無償排出枠の廃止が決まったものの、中身を見ると2026年から段階的に減らされ完全廃止は2034年と随分先の話だ。しかも対象となっている産業からは無償排出枠の継続を求める声が上がっているという。

国連が主導しており信頼性が高いとされるREDD+に対しても過大な炭素クレジット発行が指摘されている。2023年8月28日付独ブラックアウトニュースは、アムステルダム大学の研究者グループが世界中の26のプロジェクトを調査した結果、ほとんどのプロジェクトが森林破壊を有意には削減しておらず、報告されたCO_2削減量のうち、実際に削減できたのはわずか6%だったと報じた。

国連自身に対しても炭素クレジット利用の欺瞞が指摘されている。2023年9月15日付米ブライトバートニュースより引用する。

・国連は2018年以来カーボンニュートラルだと主張している。国連が実際に排出しているCO$_2$は150万台のガソリン車の年間排出量と同等にもかかわらず、数百万ドル相当の「炭素クレジット」を購入することで「相殺」している。しかしながら、国連の排出量を相殺しているプロジェクトの中には、実際に環境を破壊し、あるいは人間の健康を害しているものもある。

・過去10年間に国連が購入した炭素クレジットのうち35万件以上が、有害な大気汚染物質を排出したインドの廃棄物発電所など、「環境破壊や強制移住、あるいはプロジェクト周辺のコミュニティにおける健康問題の報告」に関連するプロジェクトから得られたものである。

EU-ETSをはじめ各国の排出量取引も、REDD+や詐欺まがいの怪しげな海外の森林クレジットも、購入者側では見かけ上相殺されるだけで実際にはCO$_2$を排出しているのだ。日本政府が主導しているJ-クレジットやGXリーグだから大丈夫と考えるのは思考停止であり、炭素クレジット＝CO$_2$排出の免罪符という不都合な真実から日本企業は目を背けてはならない。クレジット利用を伴うカーボンニュートラル主張を禁止するというEUの決定は正鵠を射ている。クレジットに頼る脱炭素宣言は一年半後に主張できなくなる可能性があると受け止めるべきだ。

【転載・改変自由】脱炭素宣言撤回リリースの雛型

2021年以降、SDGs・ESG・脱炭素が終わりの始まりを迎えていることは明らかだ。そして2024年秋に行われる米大統領選挙で優勢が伝えられている共和党のドナルド・トランプ氏はパリ協定離脱、再エネ・EV推進の凍結、ESG投資禁止などを公言している。トランプ元大統領が返り咲けば、米国のグリーンディールはなくなり、脱炭素の終焉も加速するだろう。

もはや世界の潮流は脱・脱炭素、脱・ESGだ。そこで、日本企業が自社の脱炭素宣言を撤回するためのリリース雛型をご提供する。筆者や出版社への断りは一切不要だ。全文利用・部分利用を問わず、どなたでもご自由に転載・改変いただいて構わない。

カーボンニュートラル宣言の取り下げに関するお知らせ

当社は202○年○○月に「2050年カーボンニュートラル宣言」ならびに「2030年度に2013年度比47%削減目標」を公表しましたが、これら長期目標を取り下げることを決定しましたのでお知らせいたします。

カーボンニュートラル宣言策定に際しては、省エネ投資の強化による総エネルギー使用量の削減、第6次エネルギー基本計画の達成を前提とした購入電力のCO_2排出係数改善、自家消費太陽光発電の導入、購入電力の再エネメニューへの切り替えや炭素クレジット購入等を折り込んでいました。

しかしながら、日本政府のエネルギー基本計画は第5次まで過去に一度も達成したことがなく、第6次についても当初から野心的な目標と言われており、将来の経営計画の根拠とするのは不適切でした。仮に国全体として2030年46%削減が達成されたとしても、京都議定書第一約束期間の6%削減達成と同じく森林吸収やクレジット購入による相殺分が含まれる場合、購入電力の排出係数改善を折り込むことはできません。

また、カーボンニュートラル宣言以降に設置を進めてきた太陽光パネルについて自主調査を行った結果、製造段階における強制労働の疑いを払しょくすることができないという結論に至ったため、すべての太陽光発電の稼働を停止しました。当社では人権侵害に加担してまで必要とする売上は1円たりともありません。

電力契約の実質再エネメニューや炭素クレジット購入についても精査したところ、見かけ上のCO_2排出量をゼロと表現することはできても実態として地球環境へ排出されるCO_2がなくなるわけではないことを確認いたしました。

一方、世界に目を移すと2022年11月にエジプトで開催された国連気候変動枠組条約第27回締約国会議において、国連専門家チームより企業のCO_2実質ゼロ宣言の多くが「グリーンウォッシュ」であるとの指摘がなされました。欧州連合（EU）は2023年9月に不当商行為指令と消費者権利指令を改正し、2026年以降は企業がカーボンオフセットを伴わずに達成できることを証明しない限り「カーボンニュートラル」主張が禁止されることになりました。

こうした状況を鑑み、当社では２０５０年カーボンニュートラル宣言、ならびに２０３０年47%削減目標をいったん取り下げます。今後は２０３０年や２０５０年などの期限を区切らずに、省エネ活動や人権に配慮した再エネ導入などの施策を積み上げ、正味のCO_2排出削減に寄与する現実的な目標を改めて設定し直します。

当社はＳＤＧｓの理念に賛同しており、今後も持続可能な社会、ならびに誰一人取り残さない社会の構築に向けて真摯に取り組んでまいります。

米アップルは２０２４年２月、過去10年間で数十億ドルを投じてきたＥＶ開発から撤退した。前述の通りＳ＆Ｐ、ゴールドマン・サックス、ブラックロックらも変化に応じて大胆に戦略を転換している。かつては日本政府も京都議定書第二約束期間から離脱するという英断を下した。日本企業も見せかけの脱炭素宣言を取り下げて地道なCO_2削減活動に転換することこそが誠実な企業経営と言えるだろう。バスから降り遅れてはいけない。

スコープ３算定・開示の義務化という愚

一方で、日本政府は海外の動向がまるで分かっていないようだ。米ＳＥＣが２０２４年３月に承認した気候情報開示新規則で削除されたにもかかわらず、２０２４年４月現在、日本の金融庁は上場企業に対してスコープ３の算定と情報開示を義務化する方向で検討している。企業のCO_2排出量はスコープ１、２、３の三種類がある。スコープ１は燃料やガスなどの使用に伴う直接排出、スコープ２は購入電力の使用に伴う間接排出、スコープ３は原材料調達や製品の輸送、従業員の出勤や出張等に伴う間接排出と言われる。

２０２４年２月19日付日本経済新聞によれば、金融庁は上場企業に対して自社分だけでなく調達・輸送などの取引先を含む排出量について**国際基準に沿った開示を求め、投資家が同じ基準で比べられる**ようにし、**脱炭素に向けた取り組みを加速する**方向で検討しているという（太字は筆者）。以下でスコープ３排出量の算定方法を概観するとともに、**国際的に統一されたルールはなく投資家は同じ基準で比較などできないこと、**スコープ３を算定しても**脱炭素には全く寄与しない**ことを述べる。

まず、国際基準とされる国際サステナビリティ基準審議会（ＩＳＳＢ）が２０２３年6月に策定した「IFRS S2 Climate-related Disclosures」のスコープ3算定に関連する箇所を参照してみよう。

・この基準は、企業が温室効果ガス排出量の測定に使用する排出係数を規定していない。その代わりに温室効果ガス排出量の測定の基礎として、企業の活動を最もよく表す排出係数を使用することを企業に求めている。

・二次データは多くの場合第三者から提供され、業界平均データ（例えば、公開データベース、政府統計、文献調査、業界団体からのデータ）を含む。二次データには、活動量や排出係数を推定するためのデータも含まれる。

算定ルールは統一されておらず、様々な公開データや政府統計、業界団体等が提供する平均データを利用することが認められているに過ぎない。

続いて、２０２３年3月に環境省と経済産業省が開示した「サプライチェーンを通じた温室効果ガス排出量算定に関する基本ガイドライン（ｖｅｒ．２・５）」を見てみよう。スコープ３の算定方法として、

①関係する取引先から排出量の提供を受ける方法

②「排出量＝活動量×排出原単位」という算定式を用いて算定する方法の2つが示されている。①は実測値、②は推計値である。この時点で、日本国内でも算定ルールが統一されていないことが分かるだろう。もっとも、①の実測値は難しい（後述の通り不可能である）ため、事実上②の「活動量×排出原単位」で推計することになる。

「活動量」は、原材料の重量、購入部品の個数、販売製品の重量や個数、マイカー通勤している従業員の人数や通勤距離、出張の回数や距離などだ。また、活動「量」という言葉からは連想しにくいが、原材料の購入金額や販売製品の売上高といった金額データも活動量に該当する。従って、ある特定の原材料であっても、重量、個数、金額など複数の活動量データが存在するのだ。どの活動量を使用するかは企業によって異なる。

一方、「排出原単位」は原材料や購入部品の単位（重量、個数、金額）あたりのCO_2排出量、自動車や航空機の平均CO_2排出量などがある。排出原単位がまとまっているデータベース（以下、ＤＢ）が日本国内だけでも複数あり、同じ品目であってもどのＤＢのどの排出原単位を使用するかによって出てくるCO_2排出量が何十倍も変わることが珍しくないのだ。活動量と同様、どの排出原単位を利用するかは企業が任意に選択する。

各DBには、品目別の重量あたりCO_2排出量や価格あたりCO_2排出量が複数掲載されている。ユーザーにはとても使い勝手がよいのだが、どの原単位も15年～20年前に算出されており更新の見込みはない。すなわち、サプライヤーの省エネ努力、電力会社の再エネ導入、従業員が自家用車をハイブリッド車へ買い替えるなど、社会全体で日々取り組まれている脱炭素の成果がスコープ3には反映されないのだ。

スコープ3を算定してもCO_2は1グラムも減らせない

調達先、販売先、製品・サービスの輸送、通勤などのスコープ3を算定するのは手段であって、目的はCO_2の削減だ。2024年4月現在、国内外を問わず最も普及しているスコープ3算定方法は「活動量×排出原単位」による推計値である。排出係数は数十年も固定されるため活動量を減らすことになる。活動量を減らすということはビジネスや組織の縮小を意味する。調達先や販売先のCO_2データを減らすためには調達量と販売量を減らすしかない。同様に、通勤に伴うCO_2削減のためと称して従業員に車通勤をやめて自転車通勤に切り替えるよう命じるのだろうか。出張のCO_2を削減するために出張回数や航空機利用を制限するのだろうか。こんな企業は持続不可能だろう。

推計値のCO_2データを元にCO_2削減計画を立案し対策や投資を実施しても、一年後や二年後に出てくるのはまた「活動量×排出原単位」による推計値だ。CO_2削減量も投資効果も計測できない。推計値を基準にして２０３０年の削減目標や２０５０年のスコープ３ゼロ目標を宣言している企業はどうやって検証するのだろうか。

この「推計値のCO_2は削減できない」という現実に直面した瞬間にスコープ３は形骸化してしまう。内部管理にまったく使えないスコープ３の活用先として残るのは統合報告書やウェブサイト上での情報開示だけになる。手段が目的化する典型例だ。担当者はやめたいと考えても、外部評価に影響するためやめられない。

昨今、企業向けのスコープ３セミナーで講師から「スコープ３の開示が顧客企業や投資家から評価されます」「排出原単位によってCO_2が増減するので注意して選ぶこと」「今は不正確でも将来精度が上がるかもしれないのでまずは開示しましょう」などの説明をよく耳にするが、正気の沙汰とは思えない。不正確なデータ開示を推奨するのはグリーンウォッシュ、優良誤認の教唆だ。ＥＳＧのＳ（社会性）で重要な倫理に反する。

スコープ3が義務化された世界を想像してみよう

では、スコープ3が義務化されすべての企業が開示した世界を想像した上で、問題点を列挙してみよう。

まずダブルカウントの問題。あるスーパーA社がペットボトル飲料を仕入れるための輸送に1リットルのガソリンが使われたと仮定しよう。これは約2・3キログラムのCO_2排出に相当する。この2・3キログラムはA社の仕入れに伴う輸送のCO_2だけでなく、飲料メーカーB社とペットボトルを製造した容器メーカーC社でも自社製品の輸送分のCO_2としてそれぞれでカウントされる。加えて、トラックを製造した自動車メーカーD社の自社製品使用段階分にもカウントされる。さらにはD社のサプライヤーである部品メーカーE社、F社、素材メーカーG社、H社などもこの2・3キログラムを何らかの按分をしてそれぞれでカウントされ…（以下略）。現実にはひとつしか存在しないCO_2排出量が無限に増殖してしまうという頓珍漢な命題が浮上するのだ。

続いて実測の問題。「活動量×排出原単位」では自らのビジネス縮小をめざすKPI（重要業績評価指標）を設定することになってしまう。「これではダメだ、実測して脱炭素に貢献しなければ」、と考える真面目な企業がきっと出てくる。スーパーA社の場合であれば、仕入れる米や野菜がどうやってつくられているのか、どこからどの手段で輸送されるのか、全従業員の自宅から職場までの距離と通勤手段、マイカー通勤であればガソリン車なのかハイブリッド車なのか、電車やバスで通勤している場合は同じ車両に乗り合わせている日が何日あるのか（単純に乗車距離×従業員数×排出原単位ではCO_2排出量が過大集計になる！　精緻に計算しないと！　と真面目な担当者は考える）、米や野菜を買ったお客様がどの交通手段で各家庭まで何キロメートル運ぶのか、売上データの管理を外部委託しているIT企業のデータセンターの毎月の電力使用量や、将来再エネへの切り替え予定はあるのか…（以下略）。実測のためには無限にデータ収集を行う必要がある。

さらにCO_2削減の問題。このスーパーが膨大な手間とコストを費やして米や野菜など各仕入先の輸送距離や燃料種別を完璧に整理できたとしよう。目的はスコープ3の把握ではない。CO_2の削減だ。仕入れ先の行動を変えてCO_2を削減するためには、ガソリン車をハイブリッド車に切り替えてもらうためのお願いや購入費用の補助が必要になるかもしれない。輸送の便数を減らすために積載効率を見直してもらったり、野菜や米の生産者に関して、従来の味やコストに加えて生産方法やエネルギー使用量や輸送距離も検討するためのサプライヤー選定基準を整備し…（以下略）。これまた途方もない作業が延々と繰り返されるだろう。スーパーの営業時間は同じなのに従業員の残業が増え、オフィスの電力使用量が増え、利益は激減するだろう。

最後に企業間比較の問題。売上高も従業員数もスコープ1・2のCO_2排出量も同規模のI社、J社について、投資家がスコープ3データを比較して投資先を選定するとしよう。スコープ3を見比べたところI社は毎年増加、J社は毎年減少しているとしたらどちらを選ぶだろうか。スコープ3が減っているという理由でJ社を選定したら大損するかもしれない。「活動量×排出原単位」で算定されているためJ社のCO_2削減はビジネス縮小に依拠している可能性が高いからだ（まさか年によって排出原単位を恣意的に選ぶ企業は存在すまい）。仮にJ社に投資してリターンが得られたとしても、それはスコープ3ではなく別の要因か、ただの偶然だ。むしろスコープ3が毎年増加しているI社の方が投資先としては魅力的なはずだが、この機関投資家のESG方針とは矛盾が生じるだろう。しかし所詮は蓋然性の低い推計値である。あれこれ分析してもすべて徒労に終わるだけだ。

……ESGコンサルも投資家もこんな世界にしたいのだろうか。スコープ3義務化は畢竟コンサルが儲かるだけで、参加企業にも脱炭素化にも全く貢献しないことは自明である。金融庁は米ＳＥＣのように取り下げるべきだ。

適応一番、緩和は二番、惨事の回避が優先だ〜

２０２１年9月に出版された『ＳＤＧｓの不都合な真実』のＡｍａｚｏｎカスタマーレビューにおいて、「批判ばかりで代替案がない」との書き込みを目にした。そこで本稿の最後に筆者が考える代替案を示したい。

気候変動対策は「緩和策」と「適応策」の二種類に大別されるが、CO_2削減に代表される緩和策ではなく防災・減災などの適応策を重視すべきだ。緩和策は経済合理性の範囲内で実施しながら将来の技術革新に期待する一方、猛暑や水害や停電などが発生しても死者が出ないようインフラを整える適応策にこそ限りある国の予算を振り向けてほしい。CO_2削減によって地球全体の気温上昇を抑え災害の激甚化を防ぐよりもはるかに費用対効果が高いはずだ。合言葉は、「Ｈｏｗ ｄａｒｅ ｙｏｕ！（よくもそんなことができるな）」よりも「適応一番、緩和は二番、惨事の回避が優先だ〜」の方が断然いい（ただし日本人限定、某カステラメーカーのＣＭが分かる昭和世代のみ）。

脱炭素は気候変動よりも資源枯渇として捉えた方がよい。人類がこれまで恩恵を享受してきた化石燃料はいずれなくなる。500年後や1000年後の子孫のことを考えると、いつかは脱炭素しなければならない。しかし2030年半減、2050年ゼロという性急な目標を据えたために、経済性、自然破壊、人権侵害などを顧みず再エネ導入が強行され世界中で多くの歪みが生じている。企業でグリーンウォッシュが拡大するのも脱炭素の時間軸が間違っているためだ。たとえば2100年半減、2200年ゼロなど長期的に取り組むのであれば筆者は大賛成だ。

本稿は筆者が所属する組織とは一切関係がなく、すべて個人の見解である。

※1　SDGs、ESG投資の欺瞞については拙稿「企業「環境・CSR担当」が告白　SDGsとESG投資の空疎な実態」『SDGsの不都合な真実』（宝島社）を参照。
※2　最大値を100%として検索量の相対値が示される。

第二章

環境原理主義への反乱

ついに農民の反乱が激化！ 岐路に立たされた欧州の気候政策

川口マーン惠美（ドイツ在住・作家）

追い詰められた農民たちによる大規模デモ

3月20日、北ドイツから東へ向かい、ポーランドの国境を越えたすぐのところのシュチェチンという町で、大規模な農民デモに遭遇した（注・「農民」という言葉を差別語のように扱う人がいるが、私はドイツ語の「Bauer」という言葉には「農民」が一番ピッタリ来ると思うので、本稿ではそれを使う。「Bauer」であることに誇りを持っている彼ら自身も、この度のデモを単に「Bauerのデモ」と呼んでいる）。市の中心を走る主要道路の片側に、何百台もの巨大なトラクターが停まっており、その隊列は遥か彼方まで整然と続いていた。しんがりがいったいどれくらい先なのかさえ、わからない。

トラクターの中に人影はなく、農民らはすぐ近くの広場に集まっていた。その数日前にEUの〝首都〟ブリュッセルであった農民デモはまさに暴動だったが、ここシュチェチンでは、背中に「連帯」の文字の入ったお揃いの黄色いベストを着た人たちが、歓談しながら集会の開始を待っていた。連帯…、それを見ながら私は、冷戦時代にグダニスクの造船所でヴァヴェンサ（ワレサ）氏が中心になって繰り広げた民主化運動を思い出していた。

ポーランドで遭遇した何百ものトラクターが集まった農民デモ　撮影／著者

停まっているトラクターに近寄ると、驚くほど巨大だ。そして、どれも、今、洗車したばかりのように手入れが行き届いている。トラクターを綺麗に磨いた彼らは、どんな思いで、どれだけの時間をかけてここまでやってきたのか。いくつかのトラクターには、抗議の標語や、工夫を凝らしたイラスト入りのプラカードが掲げられていた。ポーランド語は読めないが、EUという名の死神が農家に襲いかかっている構図のイラストが目に飛び込んできたとき、私にまで、彼らの怒りがダイレクトに伝わってきたような気がした。

２０２２年、オランダで始まった農民デモは、ベルギー、ドイツ、ポーランド、チェコ、フランスなどに野火のように広がっていった。その背景にあるのは、ＥＵの農業政策に対する長年の不満だ。ドイツでもデモは23年の秋から激化し、24年1月にはほぼ1週間にわたり、全国で何千台ものトラクターが駆り出され、怒りの抗議集会が繰り広げられた。私の住むライプツィヒも例外ではなかった。

昨今のＥＵでは全ての産業活動が、温室効果ガスを出すか、出さないかで、善か悪かに分けられるという傾向が顕著だ。国連ではグテレス国連事務総長が、〝地球沸騰化時代〟の到来を宣言し、その責任はＣＯ$_2$を出し続けた人間にあるとした。しかも彼らは、温室効果ガスを減らせば地球の温度が下がるという、おそらく永遠に証明不能のテーゼを掲げており、それに賛同するＥＵは石炭火力発電所を追い詰め、また、力ずくでガソリン車やディーゼル車を駆逐しようとしていた。

農民デモはまさにこの動きと直結している。食糧自立という重要な役割を担っているにもかかわらず、これまでもどことなく軽視されてきた農業だが、それが今、〝地球沸騰〟、あるいは自然破壊の一翼を担っているとして、火力発電所や自動車メーカーと同じく槍玉に上がっている。こうなると農民も、ＥＵの過激な気候政策の犠牲者だ。彼らが立ち上がったのは、ギリギリまで追い詰められた末の行動だったと、私は見ている。

ヨーロッパの農業政策は、すでに60年以上も前から統合が試みられている。１９５８年に仏・伊・独・ベネルクスでＥＥＣ（欧州経済共同体）が結成された後、62年にＣＡＰ（Common Agricultural Policy）と呼ばれる共通農業政策が導入された。当初重要だったのは、共同体の住人全員が十分な食料を得られるということで、ＥＥＣの全予算に占めるＣＡＰ予算の割合は7割にも達した。ＥＵの今ではそれが2割近くまで下がったが、加盟国の増加もあり、分母自体がほぼ20倍に膨らんでいるから決して少ないわけでない。ちなみに22年は５７０億ユーロだった。この補助金が農家の所得に占める割合は大きく、フランスが50％超、ドイツは45％、デンマークは80％近い。

ただ、豊かに見えるＥＵの農業支援にも罠はある。例えば、直接農家に支払われる補助金の額は、耕地面積や、有機作物の作付割合などに応じて決まるため、大規模農家にとって有利な一方、伝統的な中小規模の農家は、年々厳しくなる環境基準や複雑な官僚主義に対応できず、事業の放棄に追い込まれるケースが増えている。先祖代々耕してきた土地を離れなければならない農民の怒りと悲しみは、計り知れないものがある。一方、それら放棄された農地を大規模農家が買収して集約化が進み、そこにさらに多くの補助金が投下されるという現実がある。

各国の農民デモをよく見ると、EUの押し付けてくる理不尽な規則への不満が共通項ではあるものの、抗議の重心はそれぞれに違う。ポーランドの場合、直近のデモを誘発したのはウクライナ戦争だった。世界の穀倉ともいわれるウクライナの農産物が、ロシアによる港湾封鎖で出荷不能となったため、22年6月、EUがウクライナに輸送路を提供するため関税を一時撤廃した。これにより、安価なウクライナの農産物はEUを通過し、エジプト、インドネシア、パキスタン、モロッコなどに輸出されるはずだった。ところが実際には、EUに入った途端に多くが売り捌かれてしまい、ポーランド、ハンガリーなどでは小麦のみならず、油糧種子、とうもろこし、鶏肉などの値が暴落した。

しかし、EUはこれら東欧の農家を積極的に救済しようとはせず、このままでは耐えきれないと判断したポーランド政府が、ハンガリー政府と共にウクライナからの農作物の流入を止めた（本来ならＥＵの農業政策は前述のＣＡＰで定める）。そして、この動きに、同じ問題を抱えていたスロバキア、ルーマニア、ブルガリアが追随したため、紛争がさらにエスカレートした（ポーランドでは、23年12月より超・親ＥＵのトゥスク政権に変わったので、その後、事態はさらに複雑化している）。

一方、オランダの農民の抱えていた問題は、温室効果ガスの一つである「窒素」だ。オランダはＥＵの決めた窒素の基準値をこれまで一度も守れずにきたため、政府は19年に、「30年までに窒素の排出を50％削減」という過激な目標を打ち出した。農民票を地盤にもつ国会議員は、「これを守るには、農家は違う場所に引っ越すか、廃業するしかない」と憤った。もちろん、農家が引っ越せないことは理の当然だ。

オランダで窒素の値が高い理由は簡単で、九州と同じぐらいの面積で、人口が１７７０万人（２０２２年）の国に、１２００万頭のブタと、４００万頭の牛と、１億羽の鶏がいるためだ。それらが毎日、糞尿をするのだから、当然、一酸化二窒素が多量に発生。さらに牛は反芻しながら1分に一度、口からやはり温室効果ガスであるメタンガスを放出した。

しかし、オランダ政府には農家を守るつもりはなかったらしく、それどころか、現在４

～5万軒ある農家のうちの1万1200軒が廃業、さらに1万7600軒は、その規模が3分の1から2分の1になるだろうという試算まで出して農家を怒らせた。言い換えればEUは、畜産をしていては守れないような厳しい基準を設けているわけだ。

こうして、追い詰められた農民たちによる大規模なデモが始まった。そして、デモの度に、EUの他の国からも応援の農民たちがトラクターを繰り出して集まった。

では、ドイツはというと、こちらも長年の不満が積もりに積もっていたが、ただ、今回のデモの直接のきっかけは、これまで農耕用車輌のディーゼル燃料に適用されていた燃料税の免除を、政府が突然、止めると発表したことだった。

実はドイツ政府は昨年、史上最高の税収を得ていたにもかかわらず、エネルギー政策や移民政策の失敗、再エネ関連産業への無限のばら撒き、さらにウクライナ支援、国防費の増額などが重なって、完全な金欠となっている。そこで、手当たり次第、隠れた〝増税〟をおこなっていたが、そのうちの一つが農家を直撃しそうになったため、農民が立ち上がったわけだ。

さらにもう一つの大きな不満の原因は、過剰な官僚主義による負担。元々、伝統的に官僚主義の蔓延っていたドイツのこと、そうでなくても規則は多く、何をするにも膨大な書類の提出が要求される。特に近年は、農業について何の知識もないEU官僚が、温暖化防止や自然保護を掲げて、農民からみればまるで無意味な規則を山ほど押し付けてきた。そして、当然、農家には、煩雑で詳細な報告義務が課せられた。

ちなみに、ドイツの官僚主義は、今や産業全体の足を引っ張っている。簡素化が叫ばれてすでに久しいが、デジタル化も進まず、事態は悪化するばかり。現在、企業が次々に国外に逃げ出しているが、その原因はエネルギーの高騰と共に、この過剰な官僚・書類主義が大きいといわれる。もちろん、外国からの投資もほぼ止まっている。

IfM（中小企業の実態についての研究所）が23年1月に発表した調査結果によれば、ドイツの中小企業では、〝人道〟や〝環境〟に起因する経費にすでに利益の半分を使っているケースも少なくない。

つまり、そういう事情があるので、ドイツの農民デモは、瞬く間に中小企業の経営者や一般の人々を巻き込んだ反政府デモに発展。国民の多くは、自分たちの生活が次第に苦しくなっていくのは、ドイツとEUの政治家が押し進める無意味な規則、とりわけ〝気候政策〟なるものに原因があるということに気づいているのである。

欧州委員会を牛耳る女帝

ＥＵの欧州議会は、各国の選挙で選ばれた議員で成り立っている。ところが、ＥＵの内閣に相当する欧州委員会は、議会よりも強い権限を持つにもかかわらず、その人選はＥＵ市民の意思とは関わりなく行われる。そのためにＥＵは根幹のところが民主的でないという批判が絶えないが、実際問題として、5億のＥＵ市民の生活が、多かれ少なかれこの欧州委員会の手に委ねられている。

現在の欧州委員会の委員長はウルズラ・フォン・デア・ライエンというドイツ人女性で、氏が事実上、ＥＵの最高権力者だ。ただ、この人選は任命で揉め、議会での承認でさらに揉めるというすったもんだが続き、ようやく就任が決まったのは、人選が始まってから半年近くも過ぎた2019年12月1日という異例の事態だった。当時、氏を無理やり委員長の座に押し込んだのは、メルケル首相だったと言われる。

そのフォン・デア・ライエン氏は就任わずか10日後、「欧州グリーンディール」という政策を最優先プロジェクトとして、得意満面で打ち出した。現在の欧州委員会は左傾が著しく、多くの政策は、左派政治家の打ち出す温暖化防止、脱炭素で凝り固まっている。つまり、フォン・デア・ライエン氏としては、権力掌握にはその波に乗るのが一番と考えたのだろう。そこで、50年までに欧州を世界初のカーボンフリー大陸（著者注・「大陸」は氏の言葉である〝Continent〟からの直訳）にするため、その前段として、まず30年までにCO_2排出を55％削減するという目標を掲げた。スローガンは〝Fit for 55〟である。

欧州グリーンディールというのは何か？　欧州委員会によれば、これはＥＵの新しい成長戦略という位置づけで、２０５０年までにカーボンフリー（温室効果ガスの排出を±ゼロにすること）を達成すれば、経済が活性化し、皆が豊かで幸せに暮らせる公平な世界が訪れるという夢の構想だ。ＥＵで生産される製品がクリーンになり、自然が戻り、人間や動植物の環境が守られ…等々、理想がてんこ盛りになっている。

そして、これらの夢を現実とするべく、フォン・デア・ライエン氏は、「欧州気候法」というＥＵ規則（法律と同等の効力を有する）を制定し、それまでは全て「目標」でしかなかった気候政策を、２０５０年のカーボンフリー実現をも含めて、全加盟国に義務付けた（22年の7月末より施行）。ＥＵ規則は各国の法律よりも上にあるため、加盟国は従わなくてはならない。

こうしてグリーンディールはＥＵの気候政策の柱となり、元よりこれを積極的に支持していたドイツでは、21年12月以降、社民党、緑の党が与党となったこともあり、以前にも増してCO_2削減にのめり込んでいく次第となった。

ちなみにグリーンディールというのは、「気候政策を進めれば経済が発展する」という机上の空論の上に構築されており、「持続可能な開発目標」であるＳＤＧｓと共通項が多い。「誰一人取り残さない」という理想的だが押し付けがましい発想も、よく似ている。類似点は、実は他にもある。巨大なお金の動くところだ。

グリーンディールが決まった翌月の20年1月に公表された投資計画によれば、30年までの削減目標を達成するために、ＥＵから1兆ユーロを投資。そして、それを呼び水として、さらに民間の投資を誘導。最終的に、官民合わせて10年間で2兆９５００億ユーロの投資を目指すとされる。フォン・デア・ライエン氏ご自慢のグリーン投資である。

企業は資金集めのために環境債を発行できるが、集めたお金は気候対策、再エネ発電など、環境改善に役立つ事業に使わなくてはならない。そのため、何が環境改善に資する事業かという定義が重要となり、「タクソノミー」という〝分類〟の観念が導入された。つまり、タクソノミーにより、気候政策に貢献する経済活動を行う企業と認められれば、堂々と資金を集めることができる。しかし、認められないと、当然、その企業にはお金が集まらない。

原子力発電の「タクソノミー」を巡ってフランスとドイツが激しい火花を散らしたことは、私たちの記憶に新しい。そして最終的に、「原子力はCO_2を排出しないから、持続可能で気候のために有意義な経済活動である」という理屈が通ってフランスに軍配が上がり、EUでは原子力発電にもお金が回るようになった。これ以後、世界では原発ルネッサンスともいうべき現象が起こっている。なお、ドイツのハーベック経済・気候保護相（緑の党）は当時、あまりにもあからさまに原発大国フランスの力を削ごうとしたため、独仏間には今もなお、大きなわだかまりが残っている。

一方、タクソノミーで没落したのが化石燃料であり、最高の燃焼効率を誇るドイツのクリーンな石炭火力にもお金が回らなくなった。電気なしに一国の発展は望めないから、途上国が一番必要としているのがこれらクリーンな火力発電所だが、こともあろうにEUは途上国にまで再エネ発電を勧めている。これではまさに、「発展するな」と言っているに等しい。

それどころか、アフリカで巨大なソーラープロジェクトを営み、その電気で作った水素をヨーロッパに運ぶという計画まである。これでは、屋内のかまどで煮炊きをし、煤煙で健康を損ねている人たちの生活を改善することは、いつまで経ってもできない。しかも、EUが火力発電を忌避しているからといって、発展途上国までがそれを諦めるわけではなく、そこには当然、中国やロシアが参入するだろうから、二重の意味で無意味だ。要するに、タクソノミーは、再エネ関連企業の売り上げと、フォン・デア・ライエン氏の自己満足には役立つが、途上国の人たちの幸せにはあまり繋がらない。これがEUや国連のいう「誰一人取り残さない」経済活動である。

なお、これもすでに知られていることだが、グリーンディールが力を振るい、企業や投資家の選択の自由が狭まっていくに従い、資金繰りを容易にするために、あたかも自分たちの事業が環境に貢献しているように見せかけるグリーンウォッシュも横行している。「ごまかし」に手を染めるのはもちろん良くないが、私の目にはグリーンディールの仕組み自体が壮大な「ごまかし」で、不正を助長しているように見えて仕方がない。

避けられないEUの競争力低下

欧州グリーンディールの一環で、何の役に立つのか、あるいは、本当に役に立つのかどうかが定かでないものの一つに、26年に導入が予定されている「炭素国境調整メカニズム」がある。

ＥＵ、およびその他いくつかの国では、ＣＯ$_2$の排出量に応じて課金され、これが通常「炭素税」と呼ばれている。ＣＯ$_2$の１トン当たりの値段は、スウェーデンやスイスが断トツで、現在１００ユーロを超える。ドイツはこれまで30ユーロだったが、24年1月から45ユーロと、50％も値上げした（日本はユーロに換算すると3ユーロほど）。

ただ、ドイツはスウェーデンやスイスと違って原発がないため、化石燃料の使用が多く、炭素税の値上げは国民生活に重大な打撃を与える。景気が落ち込み、エネルギーが高騰しているというとき、この決定は尋常の沙汰ではないが、実は緑の党の政治家は、本心では、エネルギー価格は国民が使うのを躊躇するほど高くなることを望んでいる。だから、ドイツの炭素税は今後もおそらく速やかに上がっていくだろう。

一方、ＥＵの悩みは、こうしてＣＯ$_2$に厳しい規制を掛ければ掛けるほど、域内の製品コストが上がり、国際競争力が弱まることで、特にこれは、輸出に依存しているドイツ経済にとってはよろしくない。そこで、それを調整するために、炭素国境調整メカニズム、通称CBAMが捻り出された。

CBAMでは、EU外で作られた安価な製品をEUに輸入する際、輸入者に税金を課す。例えば、これまでも、多くのCO_2を排出して作られた中国の安い鉄鋼やソーラーパネルが、EU製品を駆逐するという事態が起こっていたので、今後はCBAMにより、そのメリットを相殺しようということだ。

ただ、そうなるとEU域内の製品が割高になり、今度は輸出ができなくなる。そこで、EUの〝クリーン〟な製品を脱炭素の規則の緩い国に輸出する際、また補助金を出して調整する。

CBAMを定める法律は23年10月からすでに準備期間に入っており、本格的な実施は26年1月からの予定だが、まだ疑問点は多い。例えば、製造過程で排出された炭素の量をどのように計算するかが不明だし、そもそもこれは保護関税の一種と見なされ、WTO（世界貿易機関）の原則に抵触する可能性もある。

なお、容易に想像できることだが、CBAMも炭素税も「排出量取引制度（本稿では論じない)」も、欧米と日本以外では導入されていないか、あるいは、それほど真面目に取り組まれていない。ところが、急速な産業の発展で多くのCO_2を排出しているのが、それら真面目に取り組んでいない国々なのだ。つまり、いずれそれらの国々が、EU抜きで貿易を展開していくなら、EUが何をいかに調整しようが、競争力の低下は避けられない。しかも、肝心の世界のCO_2の削減には何ら寄与しないという最悪の結果になりかねない。欧州委員会は、CBAMがEU以外の国が脱炭素に励むきっかけになると期待しているというが、これもEUの数ある御伽噺の一つになりそうだ。

食料自給破壊に突き進むドイツ

さて、この欧州グリーンディールが、EUの農業政策として掲げているのが、「畑から食卓(Farm to Fork)」戦略だ。食料の生産が、加工、輸送、消費といった流れの中で天然資源を無駄にし、多大な温室効果ガスを排出し、さらに生物の多様性を破壊しているため、それらを修正し、持続可能な食糧システムを確立しようという試みだ。これだけ読むと、農業自体が自然を壊す元凶のように聞こえるが、EUの上層部の、左派でグリーン系の人たちは本当にそう思っている。だからこそ今、農業と畜産業にどうにかして温室効果ガスを削減させ、人々の健康と自然を守ろうと躍起になっているのだ。

具体的な目標は、まず30年までに化学肥料を少なくとも20％削減、農薬を50％削減すること。昨今、ドイツのニュースでは、化学肥料の使いすぎで地下水の硝酸塩の濃度が高くなっていることがしばしば槍玉に上げられる。それを聞けば皆、化学肥料を減らすべきだと思うが、しかし、農家の説明によれば、現在の農業は、何代にもわたる経験と科学的な知見に基づいて運営されており、収穫と、環境と、人間の健康について最善のバランスが確保されているという。しかも、化学肥料を20％減らすと「収穫量は激減、作物の品質も落ちる」そうだ（門外漢の私にはこれらを論評する力はない）。

その他、ＥＵには、有機農業の耕地面積を30年までに全農業面積の25％に拡大するという目標もある。22年は11・２％だったので、２倍以上にするわけだ。ただ、有機農業は手間暇がかかるし、収穫量は確実に減る。

有機農業にはもちろん、反対はしないが、私には2つのことが引っかかる。まず、その作付け割合をＥＵが定める必要がどこにあるのかということ。自由主義国では、商品の質と値段は消費者の要求に合わせて市場が決める。全ての商品に高級品と普通品があるように、農産物でも、高級品と普通の品があっても構わない。有機作物はどんなに高くても必ず買う人はいるだろうから、それに特化した農家があれば、需要と供給のバランスは取れるはずだ。ＥＵの役割は、作物の安全性、土壌や水質の監視、畜産や水産養殖における抗生物質の不適切な使用防止等に限定すればよいと思う。

なお、２つ目は食糧安全保障問題。地球の人口が増え、しかも、あちこちに飢えている人がいて、中国などは世界の小麦や米を買い集めて食糧難に備えているというのに、温室効果ガス削減を座右の銘に据え、結果的に収穫を減らすことになる政策がはたして正しいのか。ヨーロッパの国々は元来、食糧安全保障を重視するからこそ、莫大な補助金を農業政策に注ぎ込んできたのだ。

ドイツの農業情報センターの資料では、このままいけば、ドイツでは30年までに31・8万ヘクタールの農地が減るという。1日に換算すると109ヘクタールで、156のサッカー場と同じ面積。その理由は、①宅地開発や道路の建設、②太陽光パネルや風車の設置、③自然保護のための休耕、④森、および沼地の拡張となっている。①以外は、やはり、どれも温暖化防止のため、つまり、欧州グリーンディールの方針に沿った動きだが、耕地を潰して太陽光パネルを敷いて、本当に自然保護に繋がるのか。

しかも、これでEUでの収穫が減っても、人々が食事の量を減らすとは思えず、小麦にしろ、肉にしろ、足りない分は輸入となる。EUの豊かな国が食料を買い占めれば、貧しい国ではさらに多くの人たちが飢えることになる。さらにいうなら、輸入の農産物はCO_2を出して生産されている可能性が高いし、輸送にも多くのエネルギーを使う。だいたい、エネルギーをロシアに頼り過ぎて危機に陥ったドイツが、今また、食糧自給を壊す政策に突き進む理由は全くわからない。

緑の党が政権を持っている唯一の州であるバーデン＝ヴュルテンベルク州のホームページを見ると、「グリーンディールが農作物の安全供給を保証する」と堂々と書いてあるが、保守政権であるキリスト教社会同盟（CSU）の治めるバイエルン州の農協のホームページには、「農業の危機が一層高まる」とある。彼らは同じものを見て、全く違ったことを考えている。「誰一人取り残さない」政策というのは、いったい何なのだろう。

夢ばかり語る亡国の政治家

ドイツの気候政策は、今や全省庁、全企業、いや全国民を巻き込む大旋風となっているが、その中心にいるのが経済・気候保護省（以下・経済省）と環境省で、両省とも緑の党が仕切っている。ただ、経済相のハーベック氏も、環境相のレムケ氏も、いまだに緑の党のドグマに囚われたままなので、ドイツは、大臣がおとぎ話ばかりを語る不思議な国になってしまった。

24年2月、政府が過去2年続きのマイナス成長を報告した翌日、国会で野党議員にそれを指摘されたハーベック氏は経済の停滞を認めず、「数字が悪いだけだ」と言ったため、議事堂内が図らずも大爆笑になった。

また3月15日には、政府は昨年のCO_2の排出量が、前年比で10％、発電部門では20％も削減できたと発表したが、それを喜んだハーベック氏は記者会見を開き、「ドイツは2030年の気候目標を達成できるだろう。これこそが我々の政治の成果だ」と胸を張った。

しかし、発電部門のCO_2が減った理由は、電力不足で輸入が増え、それら外国での発電分のCO_2がドイツには計上されていないことが一つ。さらに暖冬や、国民の節電努力。そして一番大きな理由は、エネルギー多消費の産業が生産を縮小したり、国外に生産拠点を移したり、あるいは倒産してしまったことだった。

なお、1月には0・5％増と予測されていた今年の経済成長が、4月末には0・3％に引き下げられ、さらに現在は、おそらくこれも達成できないだろうと悲観的な見方が広まってきた。

しかし、ドイツ国の経済相の思考は現実とは全く無縁。もっとも、そうでなくては、いくら緑の党の50年来の夢であったからといって、ガスや電気が高騰・逼迫している時に、わざわざ快調に動いている原発を葬るなどということは、できなかっただろう。

なお、ハーベック氏は現在、石炭火力の停止も従来の計画通り進めている。4月1日には7基、30日にもまた1基が停止された。脱原発、脱石炭を遂行するドイツは、刻一刻と脱産業に近づいている。

4月30日、EUで最大級の鉄鋼大手であるテュッセンクルップ社で、従業員の大々的な抗議集会が開かれた。突然、同社の核である鉄鋼部門の生産縮小と、大幅なリストラが発表されたからだ。テュッセンクルップ社では、政府の大々的な支援を受け、従来の炉を水素の還元炉に変えるための壮大なイノヴェーションが計画されていた。水素という100％グリーンの燃料による製鉄は、ハーベック氏の夢だ。

ただ同社はエネルギー危機が始まる前から、中国の安い製品に追い詰められていた。その困難な状況下、おそらく補助金の大きさに釣られて、政府の壮大な水素プロジェクトに乗ったのだろうが、これが裏目に出た。

今後、同社の鉄鋼部門は、50％が段階的にチェコの投資家の手に渡る予定だというが、ハーベック氏はその新しい投資家に再び水素の夢を託している。ただ、肝心の水素をどこから調達するかは不明で、採算の目処も全くない。あまりにも杜撰な計画に、「こんなことなら補助金をそのまま今の炉で燃やせ」という声まで上がり始めた。

先進産業国ドイツで100％再エネなどという計画が機能しないことは、多くの有識者が以前からずっと警告してきたし、そもそも電力関係者が知らないはずもなかった。それなのに、なぜ大企業は今までそれらの警告を無視し、政府に黙って付き合ってきたのか？いや、今もまだ半分付き合っている。

その答えは簡単。これまで長らく定着していた政治と産業界の癒着のせいだ。2010年代には、この暗黙の協力関係が、ドイツにEUで一人勝ちと言われるほどの好況をもたらした。それが崩れ始めたのが18年ごろからだが、メリットを多く受けていた大企業ほど修正の機会を失い、何かおかしいと思いながらも、政府の気候政策にぐずぐずと付き合った。その結果、今、ドイツ全体がとんでもない隘路に陥ってしまったわけだ。

23年になってようやく、トラクターに乗った農民たちが果敢にも声をあげ、皆の目を覚ましたが、しかし、時すでに遅し。多くの企業は先を争うように国外に生産部門を移し始めている。BASF（世界一の化学コンツェルン）、ミーレ（家電大手）、ケルヒャー（世界一の清掃機器大手）、ポルシェは氷山の一角に過ぎない。

気の毒なのは国民だ。政府の応援団と化していたメディアにすっかりミスリードされたこともあり、今では、冬が来るたびに電気の心配をし、不況や失業の危機にさらされている。しかし、目覚めた彼らがまた目を閉じて、ハーベック氏と一緒に再び甘い夢を見るとは思えない。

24年3月末、裁判所の指示により、経済省がようやく、脱原発の決定された経緯が記録された文書を開示した。それが、あちこち黒塗りの〝開示〟であったため、顰蹙の声が上がっているが、たとえ黒塗りでもいろいろなことが浮かび上がる。中でも、原発がなくなれば電気代が上がり、経済が立ち行かなくなるという報告を受けていながら、ハーベック氏がそれを無視していたという疑いが濃くなっており、これが本当なら、国民を裏切る行為に等しい。また、黒塗りは名前の部分が多く、経済省は、職員を守るためだと言っているが、もちろん、もっと大物の名前が隠されていることは誰でも容易に想像できる。つまり問題は、今後、一体この件がどこまで追求されるかであり、まさにメディアの真価が問われている。

一方、ＥＵでも、過剰な気候政策を推し進めるフォン・デア・ライエン氏に対するイライラが急激に膨らんでおり、ＥＵの気候政策は足元が揺れ始めた。ＥＵ市民もドイツ国民も、夢ばかり語る経済相や、権力志向の強すぎる欧州委員長など、すでに必要としていない。24年6月9日の欧州議会選挙後、フォン・デア・ライエン氏が強く望む欧州委員長の続投もどうなるかわからなくなってきた。

新しいＥＵ体制が整うのは秋風の吹く頃だろうが、その暁には、ＥＵの気候政策に、もう少し現実的で有意義な新目標が据えられることを祈念するばかりだ。

「脱炭素を求めるなら資金援助の大幅増額を！」
エコ植民地主義への反発と温暖化交渉の蹉跌（さてつ）

有馬　純（東京大学公共政策大学院特任教授）

パリ協定の成立

筆者はかつて気候変動枠組み条約締約国会合（ＣＯＰ）において経産省の首席交渉官として戦ってきた。大きな構図でいえば温暖化交渉は先進国対途上国の根深い対立の歴史と言える。筆者が交渉の最前線にいた２００８年～２０１１年頃、中国、インド等、途上国の交渉官は「先進国はこれまで通り、京都議定書の下で法的拘束力を有する数値目標を負い、自分たち途上国はあくまで自主的な行動にとどめるべきだ」という二分法の主張を行っていた。地球温暖化問題はグローバルな問題であり、今後の温室効果ガス排出増分の多くがアジアの途上国から発生する以上、先進国のみが義務を負い、途上国を野放しにする京都議定書のような枠組みでは温暖化防止に全く用をなさないことは明らかである。「共通だが差異のある責任」原則を踏まえ、先進国が排出量の削減、途上国が対GDP比排出量の低下等、目標内容を差異化することは当然としても、先進国も途上国も共通の枠組みの下で削減努力をすべきであるというのが筆者を含む先進国の交渉官の主張であった。「先進国だけが義務を負え」という途上国の主張はいかにも理不尽であり、筆者は途上国の交渉官と何度となく議場でやり合ったものである。

それだけに2015年に各国が国情に応じて自主目標を設定し、その進捗状況を報告し、レビューを受けるという「プレッジ&レビュー」を旨とするパリ協定が成立したときは、ようやく全員参加型の枠組みができたと嬉しく思った。

環境原理主義の台頭とパリ協定の変質

パリ協定のボトムアップのプレッジ&レビューはすべての国の参加を得るうえで非常に有益なものであったが、環境派の人々は1・5~2℃以内というトップダウンの温度目標をすべてに優先すべきだと主張してきた。特に2018年にIPCC（気候変動に関する政府間パネル）の「1・5℃特別報告書」が発表されて以降、国連、EU、環境NGO等は「各国は2050年ネットゼロエミッションにコミットし、そのために2030年の現行目標を大幅に引き上げるべきだ」と声高に叫びだした。これは「産業革命以降の温度上昇を1・5〜2℃以内に抑制し、21世紀後半のできるだけ早いタイミングでネットゼロエミッションを目指す」というパリ協定の規定を踏み越えるものである。

パリ協定はトップダウンとボトムアップの絶妙なバランスの上に成立したものであるが、最近のCOPの議論は、トップダウンの1・5℃目標とそのための2050年ネットゼロエミッションが最優先となり、各国の実情を踏まえた目標設定というボトムアップの側面が隅に追いやられてしまっている。各国の実情の違いや他の政策目的の存在にかかわりなく、1・5℃目標、2050年カーボンニュートラルを絶対視するのは「環境原理主義」、「エコファシズム」そのものである。

COP26におけるインドの踏ん張り

2021年11月、英国のグラスゴーで開催されたCOP26の最終局面で大きな争点になったのが石炭火力のフェーズアウト（段階的廃止）問題であった。CO_2排出量の多い石炭火力は環境団体から目の敵にされており、議長国英国はグラスゴー気候協定の最終案に石炭火力のフェーズアウトを盛り込んだ。これに敢然と反旗を翻したのはインドであり、インドの環境大臣は「インドにはまだ電気も通ってない、水も来ないような貧しい人たちが多数いる。国内に潤沢に存在する石炭をクリーンに使えというならば分かるが、石炭フェーズアウトは受け入れられない」と、踏ん張った。これにより土壇場で「フェーズアウト」は「フェーズダウン（段階的削減）」に差し替えられることとなったが、欧州諸国や温暖化によって国が水没するリスクのある島嶼国はこのトーンダウンに強い不満を抱くこととなった。

このエピソードにCOPの場を支配する環境原理主義と現実とのギャップが象徴されている。2050年カーボンニュートラルを絶対視すれば、算術計算上、石炭火力の新設ゼロはもとより、稼働中の石炭火力、更には化石燃料全体のフェーズアウトに早急に進めねばならないこととなる。こうした議論の最大の問題点はそれが途上国のエネルギー事情を全く顧慮していないことである。

かつて温暖化交渉で途上国と戦ってきた筆者の目からみても、最近のＣＯＰにおいて無理難題を言っているのは先進国の方であり、途上国の議論の方がまともに聞こえる。トップダウンの温度目標を最優先する先進国と自国の事情を理由にこれに反発する途上国の構図はそれ以降もずっと続いている。

COP28とグローバル・ストックテイク

２０２３年12月、アラブ首長国連邦のドバイで開催されたＣＯＰ28はパリ協定成立後、最初のグローバル・ストックテイクを完了する「節目のＣＯＰ」であった。

ＣＯＰ28の最大の争点はグローバル・ストックテイクに盛り込むべきメッセージの重点が先進国と途上国で全く異なっていることにあった。Ｇ７を中心とする先進国は１・５℃目標、２０５０年カーボンニュートラルを実現するため、ＩＰＣＣ第６次評価報告書に盛り込まれた「２０２５年ピークアウト、２０３０年全球43％削減、２０３５年全球65％削減（いずれも２０１９年比）」という数値や「化石燃料のフェーズアウト」をキーメッセージに盛り込み、中国、インドを中心とする新興国に対して２０３０年目標の大幅引き上げと２０５０年カーボンニュートラルへのコミットを促そうとしていた。２０２３年５月のＧ７サミット首脳声明には「２０３０年の国別目標又は長期低排出発展戦略が１・５℃目標、２０５０年までのネット・ゼロ目標に整合していない主要経済国に対し、２０３０年目標の再検討・強化、２０５０年までのネット・ゼロ目標へのコミットを要請する」という文言が盛り込まれた。

当然ながら、中国、インドは自らの手足を縛るような数値目標には反対である。同年９月のＧ20ニューデリーサミット共同声明では「温暖化を１・５℃に抑えるモデル化された世界全体の経路では、世界のＧＨＧ排出量は２０２５年までにピークアウトするとのＩＰＣＣ第６次評価報告書の見解に留意する」とされており、ＩＰＣＣ報告書はあくまで「留意」の対象でしかない。しかも「全ての国においてこのタイムフレームでピークに達することを意味するものではなく、各国の排出経路は持続可能な開発、貧困撲滅の必要性及び衡平性、各国の異なる事情に沿って形成される」と書かれており、２０２５年ピークアウトが途上国に適用されないように予防線を張っている。２０３０年目標については

「国別目標をパリ協定の気温目標に整合させていない全ての締約国に対し、各国の異なる事情を考慮しつつ、2023年末までに、必要に応じて、2030年目標を再検討・強化するよう要請する」とされ、1・5℃目標、2050年カーボンニュートラルとの整合性を求めるG7サミットとは明確な違いを示している。

グローバル・ストックテイクは緩和（温室効果ガスの削減・抑制）のみならず、適応、資金フロー及び実施手段、損失と損害（ロス&ダメージ）、対応措置（化石燃料輸出国等、緩和行動で影響を受ける締約国の懸念を考慮する義務）もカバーしている。「先進国の強い主張により1・5℃目標、2050年カーボンニュートラルを盛り込んだ以上、途上国もより迅速な排出削減を求められるのだから、資金援助も大幅に拡大せよ」というのが途上国の論理である。G20首脳声明では「特に途上国が自国のNDCs（国別約束）を実施する必要性から、途上国にとって、2030年以前の期間に5・8〜5・9兆ドルが必要とされることに留意する」と書かれている。この金額は2020年までの資金援助目標年間1000億ドルに比べて7〜8倍であり、1000億ドルすら未だに達成されていないことを考慮すれば、1・5℃目標に必要な削減量と現実とのギャップと同じくらいの開きがある。

化石燃料フェーズアウト論が争点に

このような先進国と途上国の根源的な対立を反映し、グローバル・ストックテイク交渉は難航を極めた。

なかでも最後までもめたのが化石燃料フェーズアウト論の取扱いであった。冒頭に記したような先進国、途上国の対立に加え、COP26において石炭火力の「フェーズアウト」が「フェーズダウン」に後退したことに強い不満を抱いた欧米諸国、小島嶼国が「化石燃料のフェーズアウト（段階的撤廃）」をグローバル・ストックテイクの成果文書に含めることを強硬に主張したのである。

これに対し、サウジアラビアをはじめとする中東産油国、ロシアは「我々の敵はCO_2であり、化石燃料そのものではない。炭素貯留隔離（CCS）技術を使えば化石燃料利用とカーボンニュートラルを両立することは可能であり、化石燃料フェーズアウトのような特定の政策を押し付けるべきではない」と激しく反発した。

同床異夢に終わったCOP28の合意結果

（1）今後の排出経路

ＣＯＰ28は予定を１日延長して閉幕したが、採択された文書を一言で要約すれば「同床異夢」である。今後の世界の排出経路に関し、「ＩＰＣＣ第6次評価報告書において、世界的なモデル化経路と仮定に基づき、オーバーシュートがないか限定的な状態で温暖化を１・５℃に抑える場合…世界の温室効果ガス排出量は遅くとも２０２５年以前にピークに達すると予測されること、これはこの期間内に全ての国でピークに達することを意味するものではなく、ピークに達するまでの期間は、持続可能な開発、貧困撲滅の必要性、衡平性により形成され、各国の異なる状況に沿ったものである可能性があることに留意し、自主的かつ相互に合意された条件での技術開発および移転、ならびに能力構築および資金調達が、この点で各国を支援できることを認識する（パラ26）」。「オーバーシュートがないか限定的な状態で温暖化を１・５℃に抑える場合、深く、迅速かつ持続的な削減が必要であり、世界全体の温室効果ガス排出量を２０３０年までに２０１９年比で43％、２０３５年までに60％削減し、２０５０年までに正味の二酸化炭素排出量ゼロを達成する必要があることを認識する（パラ27）」とされた。2025年までに提出が求められる次期NDCに関しては「NDCは各国が決定するとの性格を再確認し、締約国に対し、次回のNDCにおいて、異なる国情を考慮し、最新の科学に基づき、全ての温室効果ガス、セクター、カテゴリーを対象とし、地球温暖化を1・5℃に制限することに沿った、野心的で経済全体の排出削減目標を提示するよう促す（パラ47）」とされた。

しかし、これで新興国・途上国が2035年マイナス60％に整合的な形で大幅な野心レベル引き上げをするとは思えない。2025年ピークアウト、2035年マイナス60％等のIPCC報告書の数値は「モデル化された経路と仮定に基づく」ものであり、「認識」の対象でしかない。2025年ピークアウトがすべての国に適用されるわけではなく、発展段階や衡平性に依存するとの留保条件もしっかりと書き込まれている。G20の文言とほぼ同じである。「NDCは各国が決めるものであり、異なる国情を考慮するもの」である以上、2035年マイナス60％という世界全体の数値が「認識」されたとしても、彼らの次期NDCの数値を縛るものではない。

（2）エネルギー転換

最大の争点となった化石燃料フェーズアウト論はパラグラフ28の中で以下のように決着した。

パラ28　さらに、1・5℃の道筋に沿って温室効果ガス排出量を深く、迅速かつ持続的に削減する必要性を認識し、パリ協定とそれぞれの国情、道筋、アプローチを考慮し、国ごとに決定された方法で、以下の世界的な取り組みに貢献するよう締約国に求める。

（a）2030年までに再生可能エネルギー容量を世界全体で3倍にし、エネルギー効率改善率を世界平均で2倍に。

（b）排出削減対策を講じない石炭火力の段階的削減に向けた取り組みを加速。

（c）ゼロ・カーボン燃料と低炭素燃料を活用した、ネット・ゼロ・エミッションのエネルギーシステムに向けた取り組みを、今世紀半ばよりかなり前、あるいは半ば頃までに世界的に加速。

（d）科学に沿った形で2050年までに正味ゼロを達成すべく、この10年間で行動を加速させ、公正、秩序ある、衡平な方法でエネルギーシステムにおいて化石燃料から移行（transition away from fossil fuels）。

（e）エネルギーシステムにおける排出削減を講じていない化石燃料の代替に向けた取り組みを強化するため、特に、再生可能エネルギー、原子力、炭素回収・利用・貯蔵を含む削減・除去技術、低炭素水素製造を含む、ゼロ・低排出技術を加速。

（f）2030年までに、特にメタン排出を含むCO_2以外の排出を世界全体で加速的に大幅に削減。

（g）インフラ整備やゼロエミッション車・低排出車の迅速な導入など、さまざまな経路を通じて、道路交通からの排出削減を加速。

（h）エネルギー貧困や公正な移行に対処しない非効率な化石燃料補助金を早期に段階的に削減。

パラ29　移行燃料（transitional fuel）は、エネルギー安全保障を確保しつつ、エネルギー移行を促進する役割を果たしうることを認識。

化石燃料については「フェーズアウト、フェーズダウンではなく、「化石燃料からの移行」という表現になった。日本のメディアの中には「10年で化石燃料脱却」という見出しを掲げたものがあったが、誤訳である。パラ28（d）においては「この10年間で行動を加速」

とあるが、「化石燃料からの移行」の度合い、終着点は明らかにされていない。

ＣＯＰの決定文書の中で化石燃料からの移行が取り上げられるのは初めてであるが、パラ28（ｅ）において原子力、ＣＣＵＳが推進すべき技術として再エネと並んでポジティブに言及されたのも初めてのことである。環境ＮＧＯの影響力の強いＣＯＰにおいて原子力、ＣＣＳについてはネガティブな視線が注がれることが多かった。今回、原子力、ＣＣＵＳに正当な位置づけが与えられたことは特筆に値する。

ウクライナ戦争によってエネルギー安全保障の重要性が再認識され、英国、フランス、オランダ、ポーランド等において原発の増設方針が打ち出される等、原子力に対する見方も変わってきている。ＣＯＰ28期間中、米国の提唱により２０５０年までに世界の原発設備容量を3倍に拡大するとの声明に日本を含め22か国が名前を連ねたのも、こうした状況変化を反映したものだろう。

加えてパラ29においてはエネルギー安全保障と円滑なエネルギー移行のための移行燃料の役割が明記された。移行燃料の定義は明確にされていないが、天然ガスが含まれることは間違いない。石炭から天然ガスへの移行はこれからエネルギー需要が急増するアジア地域においてエネルギー安全保障と温暖化防止を同時追求するための現実的オプションであるが、環境派の間では「天然ガスも所詮は化石燃料なのだから、新規投資はすべきではない」との極端な意見が強かった。今回の文言はエネルギー安全保障の視点を前面に出した点を注目すべきである。

パラグラフ28、29全体を見れば明らかなように、化石燃料からの移行は「各国がそれぞれの国情、道筋、アプローチを考慮し、国ごとに決定された方法で」取り組む様々な施策の一つという位置づけである。パラ28の（a）～（h）に掲げられた施策の組み合わせや強度は各国が選ぶことになる。新聞報道では「化石燃料からの移行」ばかりが強調されるが、これは全体の構造を見ないバランスを欠いた取り上げ方であり、筆者のみるところCOP28の成果は「それぞれの国情、道筋、アプローチを考慮し、国ごとに決定された方法で行う」としたことだ。これは日本がG7広島サミットで打ち出した「多様な道筋」の考え方とも合致する。

環境関係者やメディアは「化石燃料からの移行」という文言が入ったことを特筆大書し、「化石燃料時代の終わりの始まり」としているが、COP28の直後、リヤドで開催されたセミナーでサウジアラビアのアブドルアジーズ石油大臣は「パラグラフ28に掲げられた8つの行動のどれをどれだけやるかは各国の選択にゆだねられているのだから、アラカルトである」と述べている。これはサウジの解釈が正しい。各国が自分に都合の良い解釈ができる文言をひねり出すのが国際交渉の常である。だからこそ欧米諸国も島嶼国も中東諸国もロシアもこぞって最終合意を「良い成果だ」と評価したのである。換言すれば、「化石燃料からの移行」という文言が盛り込まれたとしても現実が大きく変わることはないということだ。

（3）巨額な請求書

野心的な緩和目標やエネルギー転換目標は巨額な資金ニーズと表裏一体であることを忘れてはならない。決定文書には「途上国の資金ニーズは2030年以前の期間で5・8〜5・9兆ドル」（パラ67）、「2050年までにネットゼロ排出量に達するためには、2030年までに年間約4兆3000億ドル、その後2050年まで年間5兆米ドルをクリーンエネルギーに投資することが必要」（パラ68）、「途上国、特に公正かつ衡平な方法での移行を支援するため、新規の追加的な無償資金、譲許性の高い資金、非債務手段を拡大することが極めて重要」（パラ69）等が盛り込まれている。

換言すれば、１・５℃目標に必要な排出経路やエネルギー転換を実現するためには巨額な請求書が回ってくるということであり、これらの金額が動員されなければ、途上国の排出削減は期待できないということだ。インドのモディ首相はＣＯＰ28において「今後の資金の議論はbillion（10億）単位ではなくtrillion（兆）単位であるべきだ」と述べている。

しかし現実には先進国の途上国支援は現行目標１０００億ドルにも達していない状況である。会議中、複数の途上国から「先進国は途上国に対して（脱化石燃料等）あれこれ追加的な制約を課そうとしているが、それに必要な資金援助を出していない」とのフラストレーションが表明されたが、残念ながらこの指摘は相当程度当たっている。２０２４年11月にアゼルバイジャンのバクーで開催されるＣＯＰ29では年間１０００億ドルに代わる新たな資金目標を決めることとされており、先進国と途上国が激突することになるだろう。

温暖化問題を地政学的視点で考える

ＣＯＰ会議は温暖化防止が至高の価値とみなされる世界である。しかし温暖化問題は世界の様々な問題の一つであり、国際政治経済情勢から切り離して存在し得るものではない。一歩下がって温暖化交渉を地政学的側面から考えてみたい。

まず世界全体でみれば、エネルギー安全保障問題のウェイトがはるかに上昇しているということを直視すべきだ。ウクライナ戦争等によるエネルギー価格、食料品価格の高騰による世界経済の下振れリスクにより、欧州は言うに及ばず、ほとんどすべての国でエネルギーの低廉かつ安定的な供給が最重点課題となっている。もちろん政治的スローガンとしての温暖化防止の重要性は変わらない。しかし、1・5℃目標や化石燃料フェーズアウト論が叫ばれるのとは裏腹に、中国、インド等では石炭生産、石炭火力発電が増大している。欧州諸国のLNG買い漁りによりアジアの天然ガス価格は上昇しており、石炭からガスへの転換を阻害している。中国、インドは対ロ制裁に参加しないどころか、ロシアの安価なエネルギー資源の調達に血道を上げている。先進国もエネルギー価格高騰に対応するため、化石燃料への補助金、いわばマイナスの炭素税を導入している。我が国のガソリン補助金はその典型例だ。

ウクライナ戦争によって生じた「分断された世界」が温暖化防止をめぐる国際協力に与える影響もある。そもそも温暖化問題は1990年の冷戦終了と軌を一にして大きく盛り上がってきた。地球レベルの外部不経済問題に対応するためには真の意味での国際協力を必要とするが、ウクライナ戦争によって生じた分断が逆境になることは間違いない。国際政治情勢の不安定化は欧米諸国における軍事費拡大をもたらしているが、これは途上国支援拡大の制約要因となる。途上国の国別目標には、海外からの支援を前提にしたものが多い。先進国からの支援の停滞は途上国の緩和努力に悪影響を与えることになるだろう。

先進国の理念的な温暖化外交に対する途上国のフラストレーションを過小評価すべきではない。欧米諸国は温暖化防止を理由に化石燃料フェーズアウト論をふりかざし、世界銀行、アジア開発銀行等の開発金融機関の融資方針を見直し、途上国における化石燃料開発や化石燃料関連インフラ開発を制約しようとしている。しかしこれは途上国の視点からすれば、化石燃料に依存して富を蓄積してきた欧米諸国によるダブルスタンダード、いわば「エコ植民地主義」に映る。

先進国の理念的な化石燃料フェーズアウト論はロシアと中東諸国の連携を強めることにつながっている。ＣＯＰ28において化石燃料フェーズアウト論に真っ向から反対したのはロシアとサウジだった。ＣＯＰ28開会中の12月初頭、プーチン大統領がサウジ、ＵＡＥを相次いで訪問したことは大きい。おそらく化石燃料フェーズアウト論に対する対抗策についても協議されたことだろう。中東諸国の化石燃料に依存しながら、COPの場では化石燃料の役割を否定するような発言を繰り返す欧米諸国に対する不信感を強めた可能性は十分ある。イスラエル・ハマス戦争における欧米諸国のイスラエル肩入れに対するアラブ諸国の怒りもある。

こうした中、中国はしたたかに立ち回っている。これまでも温暖化対策を進める先進国には安価な太陽光パネル、風車、バッテリー、EV等を輸出する一方、一帯一路等を通じて欧米諸国が輸出を止めた石炭火力を途上国に輸出し、途上国での影響力を拡大してきた。ウクライナ戦争がはじまると対ロ制裁を強める欧米諸国と裏腹に陸上パイプラインでロシアの石油・ガスを安価に調達し、エネルギー安全保障面でも立場を強化している。COP28における化石燃料フェーズアウト論で中国は明確な立ち位置を示さなかったが、裏では中東諸国、ロシアと密接に連絡を取り合っていたに違いない。自国のエネルギー安全保障に大きな位置づけを占める中東諸国との連携強化は中国にとって大きな意味がある。更に先進国によるダブルスタンダードにフラストレーションを高める途上国に対しては「西側先進国は特定の価値観を世界に押し付けている。各国の事情に配慮した多極化された世界を目指すべきだ」として南・南協力を拡大し、中国の影響力拡大を図ることになるだろう。ＣＯＰ28では再エネ設備利用3倍を合意文書に書き込んだが、クリーンエネルギーの世界的推進は価格競争力のある中国製産品の輸出機会拡大、クリーンエネルギーに不可欠な重要鉱物の対中依存度増大にもつながる。

1・5度、2050年カーボンニュートラルにこだわる欧米諸国（特に欧州）の緩和コストは今後、ますます上昇することになる。中国、インド等の新興国に野心レベルの引き上げを迫っているのはそれも背景の一つだが、残念ながら彼らに野心的な行動を強制するレバレッジは存在しない。ＥＵが導入予定の国境炭素調整措置に対し、中国、インド等の新興国・途上国は「温暖化防止に偽装した保護主義である」と強く反発している。国境措置の教条的な適用は報復措置等の貿易戦争につながり、グローバル化の進んだ世界経済においては国境措置で守られるＥＵの国内産業のメリットよりも、ＥＵの輸出産業が報復措置で被るデメリットの方が大きいと思われる。

より俯瞰的に見れば、ウクライナ戦争によって生じた「分断された世界」、温暖化問題に内在する「グローバルノース対グローバルサウス」という対立軸に加え、温暖化対応をめぐって世界は「1・5℃に絶対にこだわる経済圏」と「脱炭素化を進めつつも経済成長最優先の経済圏」に分かれつつある。後者には先般、拡大されたＢＲＩＣＳ（ブラジル、ロシア、インド、中国、南アに加え、アルゼンチン、エジプト、エチオピア、イラン、サウジアラビア、UAEが参加）が含まれる。冷戦時のOECD経済圏とCOMECON経済圏と異なり、人口規模、経済規模が今後拡大するのは「経済成長最優先経済圏」であり、「1・5℃絶対経済圏」が世界の経済秩序を支配することは至難の業である。

1・5℃目標は死んでいる

低炭素化、脱炭素化に向けたエネルギー転換の動きは間違いないだろう。しかし1・5℃、2050年カーボンニュートラルからバックキャストするアプローチは非現実的な化石燃料不要論等に直結する。グラスゴー気候合意で1・5℃をデファクトスタンダードとしたことはCOPの議論を現実から遊離させた元凶であったと考える。しかし現実はCOPの決定文書に縛られない。グラスゴー気候合意では1・5℃目標のためには2030年までに2010年比▲45%が必要と明記されたが、2021年、2022年、2023年と3年連続で世界の排出量は最高値を更新し続けている。

要するに1・5℃目標は実質的に「死んでいる」。IPCC第6次評価報告書で1・

5℃目標達成のために必要とされる2030年▲43％（CO_2では▲45％）、2035年▲60％（CO_2では▲65％）を実現するためには、2023年から30年まで年率9％、2030年から35年まで年率7・6％で毎年削減しなければならない。世界中がコロナに席巻された2020年ですら対前年比▲5・5％でしかなかったことを考えればおよそ実現可能な数値とは思われない。

しかし理想論が支配するCOPでは誰もそれを率直に口にすることをしない。むしろ2025年ピークアウト、2035年▲60％、支援ニーズ数兆ドル等の非現実的な緩和目標と資金需要を掲げることにより「1・5℃目標はまだ可能である」と糊塗している。しかし世界の排出経路がそうした絵姿から乖離することはすぐにだれの目にも明らかになるだろう。SDGsに象徴されるように世界は様々な課題を抱えており、途上国は1・5℃目標と心中するつもりなどない。1・5℃目標とそこから導出される削減経路に執着する限り、現実解は得られないという「不都合な真実」に直面すべきである。

政府において第7次エネルギー基本計画の検討が開始された。2024年度中にとりまとめる予定だというが、筆者は非現実的な温室効果ガス削減目標が先に決まり、それと辻褄を合わせるために、これまた非現実的なエネルギーミックスが作られることを強く懸念している。

日本のリスク

先に述べたようにCOP28の合意文書には「1・5℃目標を達成するためには2019年比で2030年に▲43%、2035年に▲60%が必要」との数値が盛り込まれた。4月末のG7気候・エネルギー大臣会合（イタリア）ではこの数字が再掲され、2035年の次期国別目標を現行目標よりも前進させ、2050年ネットゼロと整合させることがコミットされた。2019年比▲60%を日本にあてはめれば2035年目標は2013年比▲65%と、わずか5年で現行の2030年▲46%から更に20%ポイント近くも引き上げられることになる。

第6次エネルギー基本計画は2050年ネットゼロ目標から逆算した2030年▲46%目標を後付けするため、エネルギーと電力需要を低く見積もり、再エネシェアを大幅に積み上げる等の辻褄合わせの産物であった。▲46％を達成するためには2030年までにエネルギー効率改善スピードを倍増し、審査中のものも含め、更に10基を超える原発を再稼働せねばならない。原発の再稼働の遅れを見ただけでも目標達成は覚束ない。その5年後に目標の大幅な積み上げをするなど常識的にはあり得ないだろう。

「国破れて脱炭素あり」は無意味

しかし温暖化防止の世界では「実現可能性は別として、とにかく野心レベルの高い目標を出す」という欧米型のアプローチが支配的だ。菅前総理が表明した2050年カーボンニュートラルや2030年▲46％目標は、積み上げによって目標を設定するというこれまでの堅実なアプローチを欧米の大言壮語型にシフトさせたことを意味する。しかし高い理想と現実は別だ。欧米諸国は目標達成ができなくても恬淡としている。つい最近もスコットランドが2030年▲75％目標を放棄したばかりだ。日本も欧米流の理想に学ぶならば、それが実現しない場合の厚顔さも学ぶべきだ。

既に述べたように世界は1・5℃目標になど進んでいない。中国、インド等の新興国・

途上国が17のSDGsの中で温暖化防止に与える優先順位は先進国よりもはるかに低いのだ。そうした中で日本が2035年▲60%とのつじつま合わせのために再エネ目標を野放図に上乗せしたり、電力部門に厳しいキャップをかけるような計画を作れば、ただでさえ高い日本のエネルギーコストは更に上昇し、製造業や雇用にネガティブな影響を与えるだろう。その結果、温室効果ガスが減ったとしても「国破れて脱炭素あり」では全く意味がない。温暖化対策を続けるためには良好な経済環境が前提条件だ。

パリ協定離脱ではなく、臨機応変な対応

2024年の米大統領選でトランプ政権が復活した場合、パリ協定のみならず、気候変動枠組条約からも離脱する可能性が高い。日本もパリ協定から脱退するべきだとの議論があるが、筆者は反対である。トランプ第一次政権がパリ協定から離脱した際、追随する国は皆無だったし、今回も同様だろう。様々な問題はあるもののパリ協定は全ての国が温暖化防止のために参加する唯一の枠組みであり、日本がパリ協定から離脱する外交的コストは非常に大きい。トランプ政権が永続するわけでもない。将来、民主党政権が復活した

ら、米国に倣って再び帰参するのだろうか。

　確かに最近のＣＯＰでは環境原理主義的な議論が跳梁跋扈しているが、パリ協定はもともとボトムアップの自主的な目標設定を旨とする枠組みであった。問題はパリ協定そのものにあるのではなく、トップダウンの温度目標にすべてを従属させようとする国々の運用の問題である。日本がその気になれば、パリ協定の理想自体は共有しつつも、足元では国益を毀損しないエネルギー温暖化政策を追求することは可能だ。例えば第７次エネルギー基本計画では結果としての削減数値よりも原発再稼働・新増設やクリーンエネルギー技術の大幅なコスト低下を目標値とし、「これらが実現すれば２０３５年▲60％も可能」としてはどうか。エネルギーミックスや電源構成に幅を持たせることも一案だ。また脱炭素化を進める途上で家庭、産業のコスト負担見通しを他国と比較し、定期的に国会に報告することとし、必要に応じブレーキをかける等の見直し条項を含めてもよい。可能な限りの自由度を確保すべきだ。

　温暖化の世界では表向きの美辞麗句のみがもてはやされるが、日本に求められるのは、したたかな臨機応変さである。

第三章

地球温暖化説の崩壊

科学は嘘をつかない。でも科学者は嘘をつくＩＰＣＣの温暖化仮説は「完全崩壊」へ！

田中　博（大気科学者・筑波大学名誉教授）

２０１５年にパリのＣＯＰ21で採択された「パリ協定」によると、地球の気候は危機に瀕しており、脱炭素化は最重要課題である。産業革命後の気温上昇は１・５℃以下に抑えねばならず、そのためには温室効果ガス排出量を２０３０年に半減、２０５０年にはゼロにしなければならない。これは気候危機論の前置きとしてＩＰＣＣ（気候変動に関する政府間パネル）で唱えられ、今や世界のコンセンサスとなった定番のセリフである。この目標を絶対視する環境原理主義（ドイツの緑の党や米国の民主党など）が世界中で台頭し、米国のバイデン大統領に追従するように、日本では菅元総理がこの方針を最重要視した。しかし、筆者にはこんな馬鹿げた協定が支持される理由がさっぱり解らない。この根拠のない1・5℃目標が諸悪の根源であると考える。最近では脱炭素化の責任が南北問題として露呈し、巨額の救済基金の設立が問題化している。目標額はありえない金額であり、パリ協定は既に詰んでいる。

気候サイエンスの問題として、気候危機を唱える学者と懐疑論を唱える学者とが1990年代以降激しく議論を交わしてきたが、今や科学的な議論は決着したとして、懐疑論的な反論は封殺されてしまった。その上で気候危機対策として脱炭素が至上命題となり、気候危機から地球を救うためには、気温上昇を1・5℃以下に抑えねばならないことが脱炭素化のゴールのようになった。しかし、なぜ1・5℃なのか、というサイエンスの説明は宙に浮いている。どうやら気候システムにはティッピングポイント（閾値）と呼ばれる温度上昇の臨界点があり、地球温暖化がその1・5℃という臨界点を超えると温暖化が暴走しはじめ、我々の手ではコントロール不能な灼熱地獄が訪れるそうである。

一般の人たちはこの説明を信じ切っているようだが、この脅しは本当なのか？　環境原理主義者たちは、たとえ国の経済が破綻しても、地球を守るためには脱炭素は至上命題だと本気で信じているのだ。今すぐ行動しないと取り返しのつかないことになり、地球大気は金星のようになるというのだ。実に恐ろしいシナリオであるが、本当なのか？「科学的説明の中に脅しが入り込んだら、その説明は嘘だと思え」と筆者は学生たちに常々言い聞かせてきた。多くの一般人が教え込まれている（洗脳されている）この地球沸騰シナリオが、実は科学的には根拠のない脅しに過ぎないことから説明しよう。

科学的には地球温暖化の暴走など起きない

地球温暖化に関して、暴走する温室効果は正のフィードバックで起こるが、これは数学で言うところの線形論の現象である。少し専門的になるが論理的に考察してみよう。温度上昇を変数Aとし、その値として1・5℃を考えてみる。変数A（原因）が増えるとB（結果）という量が増える、というひとつの因果関係があるとき、逆に、B（原因）が増えるとA（結果）が増えるという第2の因果関係が加わると、因果のループによりAが増えるとAが加速度的に増えることになる。これが因果関係のフィードバックで、システムが不安定化するといい、その結果Aの値は暴走をはじめる。理系の読者なら問題なく理解できるが、文系の読者だとここで思考が止まってしまうかもしれない。具体例を示そう。

例えば温度上昇Aと水蒸気による温室効果Bなどが典型例である。温度が上がると水蒸気が増える。つまり、Aが原因となりBが起こる。すると水蒸気の温室効果が増えて温度が上がる。つまり、Bが原因となりAが起こる。したがって、因果のループが成立する。ティッピングポイントとは、モデルのパラメーターの振れで解の形が変わり、因果のループが走り出して不安定化する点のことである。こうなると、地球温暖化が因果のループで無限大まで暴走する、という予測になる。

しかし、現実大気ではそのような暴走は起こらない。なぜだろうか。現実大気の変動は「気候値からの偏差量」として記述することができるが、この偏差量を変数とすると、大気の変動は偏差量の1次の項と2次の項の和で表される。大気の変動は、1次の線形項によって一時的に不安定化しても、2次の項である非線形項（移流項またはフラックスの収束項）が乱流を形成し、1次の線形項を凌駕して不安定の増幅を止め、安定化させるのである。これが非線形項の「有限振幅効果」であり、線形項が生み出す不安定がいつまでも暴走することがないメカニズムである。

もう少し地球の大気の運動に即して説明しよう。地球大気は流体なので、たとえ太陽放射などの外力が時間的に一定でも流れの中に揺らぎが発生する。これは流体の内部変動と呼ばれるもので、一時的・局所的に生じた不安定により増幅した波が砕波し、渦や乱流となり安定化してゆくプロセスが繰り返されているのである。流体の内部変動は自然変動に分類されるが、このゆらぎが暴走することはない。ただ、不完全な数値モデルでは有限のタイムステップによりゆらぎが不安定化し、モデルの変数が無限大になることがある。まさに大気の暴走である。そこでモデル開発者は粘性摩擦係数や放射冷却係数をチューニングし、程よい内部変動の振幅に制御して暴走しないようにする。係数をチューニングすることで、モデル開発者は内部変動の振幅を決めることができるのである。IPCC報告によると内部変動で生じる全球平均気温の変化は0・1℃程度であり、温暖化に貢献しないとみなされている。ただし、この0・1℃はモデル内の変動のことであり、実に恣意的である。筆者は自然界の内部変動は、エルニーニョや北極振動に代表されるようにもっと大きいと考えている。上述の1・5℃のティッピングポイントも同様に恣意的なモデル依存量なので意味がない。

さらに温暖化で注目すべきこととして、熱力学には乱流よりさらに強力なステファン・ボルツマンの法則がある。これは大気の温度の4乗に比例して放射冷却が起こるという法則である。ここでは変数は温度で、その4乗で冷却が起こる。温度は気体粒子の運動エネルギー（速度の2乗）の統計的平均量である。力学的な乱流では変数の2乗でブレーキがかかったが、これはそのさらに2乗の4乗でブレーキがかかることになる。

地球温暖化がティッピングポイントを超えると暴走する、などという説明は脅しである。気候システムには強力な安定化プロセスが存在しているので、暴走は止まるのである。流体のゆらぎとして発生する異常気象は数々あれども、自然発生的な内部変動がそのまま暴走することはない。地球大気が過去1万年間ほぼ安定だった背景には、このような安定化システムの存在がある。恐竜が繁栄した約2億年前は今より13℃も気温が高かったが、暴走することはなかった。問題は、このような自明でありえない脅しに対して、気候学が専門の学者たちが沈黙したまま反論の声を上げないことである。なぜだろうか。追って考察しよう。

温暖化の半分は自然変動である

地球温暖化とは人為起源で生じる温暖化のことと定義されている。最近は地球温暖化とは言わずに気候変動と呼ぶようになった。それは気候変動の一部に自然変動が含まれているからである。気候変動には人為起源の温暖化の他に必ず自然変動が含まれている。流体のゆらぎによる内部変動も自然変動である。したがって、地球温暖化の将来予測を行う際には、化石燃料の放出とは無関係な自然変動を差し引いて考える必要がある。この2つが正しく分離されないと、温暖化対策と称して膨大な経済的損害を被ることになる。

ＩＰＣＣ報告にある近年の温暖化は、そのほとんどが人為起源によって引き起こされていると、あたかも真実のように語られているが、検証できない将来予測はあくまで仮説にすぎない。筆者はこの温暖化の約半分は自然変動であると考えている。過去の気候変動はどこまでが自然変動なのかを、１００年と１０００年のタイムスパンで考察してみよう。

図１－１は１８８０年から２０００年までの地上気温の経年変化を、平均的なリニアート

図-1

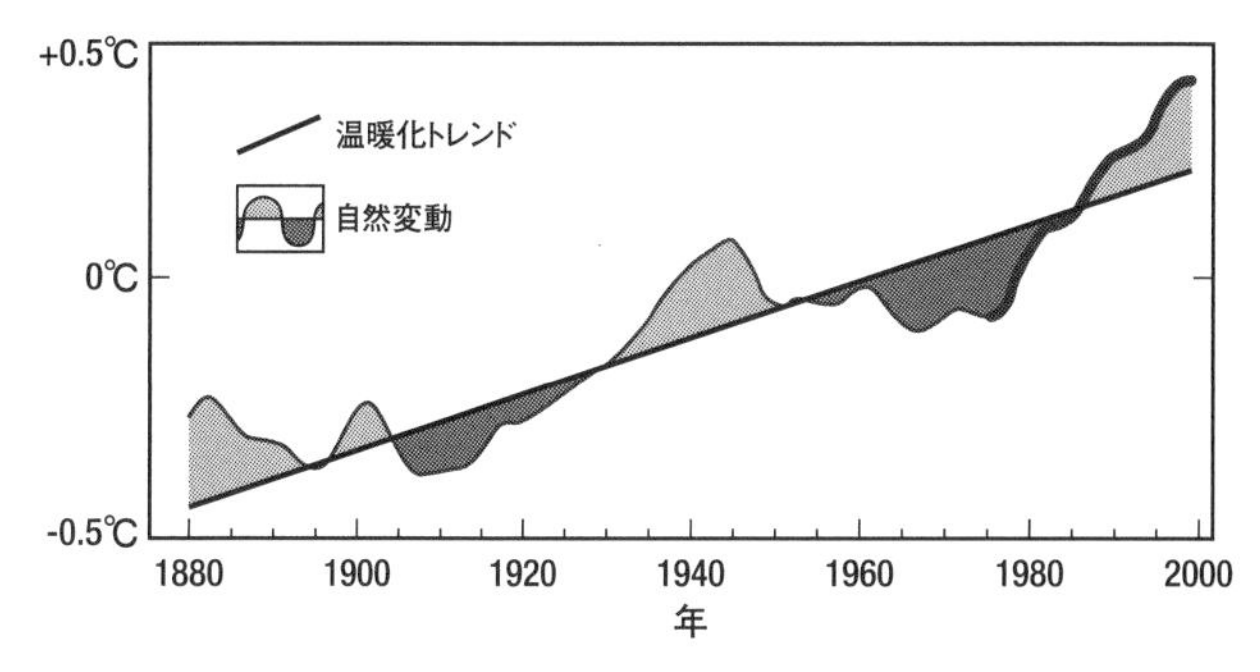

1880～2000年の気温変化。平均トレンドと自然変動に分離。（Akasofu and Tanaka 2018からの引用改変。https://doi.org/10.15068/00154206）

レンド（直線）とそこからの偏差で示したものである（Akasofu and Tanaka 2018）。２０００年以降にはハイエイタスと呼ばれる温暖化の停滞が始まるが、**図－1**はそれ以前の変化に注目している。過去を見ると約０・５℃／１００年のリニアートレンドに約60年の長周期変動が重なっている。１９４０年頃に温暖な時期があり、１９７０年までは気温が低下し、その後２０００年まで急上昇している。ＩＰＣＣが設立された１９９０年代頃は、この急激な温暖化を気候モデルによって再現するために、CO_2の増加による放射強制力がモデルに組み込まれ、観測と一致することが示された。実際には観測と一致するように何度もモデルにチューニングを施した結果である。この頃の温暖化は指数関数的に増大して起こっているため、気候モデルによる将来予測は最大で６・８℃／１００年という数値がはじき出されてる。このような大きな値はいつの間にか論外（フェイク）とされたようだ。

その後２０００年代になると、気候モデル予測はCO_2の増加と比例するように高温な将来を予測するのに対し、観測結果は約15年もの間、温暖化が停滞したため、観測とモデル予測が大きく乖離するようになった。このハイエイタスという矛盾を解決するために、CO_2の増加とは無関係な長周期の自然変動が、気温を押し下げる方向に働いたとの説明がなされるようになった。単調に増加するCO_2の放射強制応答で温度上昇が起こったとして、自然変動が気温低下に働くため温度上昇が止まったのだとすると、温暖化のスピードと自然変動の大きさは同程度となる。これにより、温暖化は指数関数的に起こるという主張は姿を消し、リニアートレンドに約60年周期の自然変動が重なっているとの説明がなされるようになった。もし、この説明が正しければ、ハイエイタス以前の１９７０年から２０００年までの急激な温暖化（**図Ⅰ-1**）もその半分は自然変動という理解になる。この急激な温暖化の期間でチューニングされたモデルによる将来予測が過大評価になるのは当然である。

ハイエイタスの後、２０１５年にはエルニーニョ（これも自然変動）が発生し気温が一時上昇したが、その後は下がった。そして2023年7月には気温が大きく上昇したが、これもエルニーニョによる自然変動であり、今後気温は低下し図中のリニアートレンドに近づくと予測される。このリニアートレンドを延長すると、2100年で1℃の昇温が予測される。筆者はこれを赤祖父ラインと呼んでいる（後出）。

ここまでは、少なくともリニアートレンドは人為起源の温暖化との理解で話を進めてきたが、このリニアートレンドでさえも1000年スケールで起こる自然変動の一部であるとの学説がある。この場合、温暖化に占める自然変動の割合は半分ではなくほぼすべてとなり、CO_2による温室効果の増分は無視できる量になる。**図I-2**は欧米の主要な研究機関による気候モデルを過去1000年間にわたり走らせた結果である。太陽定数は定数と仮定されており、長周期変動を引き起こすメカニズムが組み込まれていない（解っていない）ので、流体の揺らぎとして発生する内部変動を除けば、長周期変動は存在せず、トレンドもない。一方、図2の右端は近年観測された温暖化（0・7℃／100年）である。これは自然変動（ここでは内部変動）では説明できないので、この部分は人為起源の温暖化としてモデルをチューニングしているのである。よって、この部分はほぼ100％人為起源

図-2

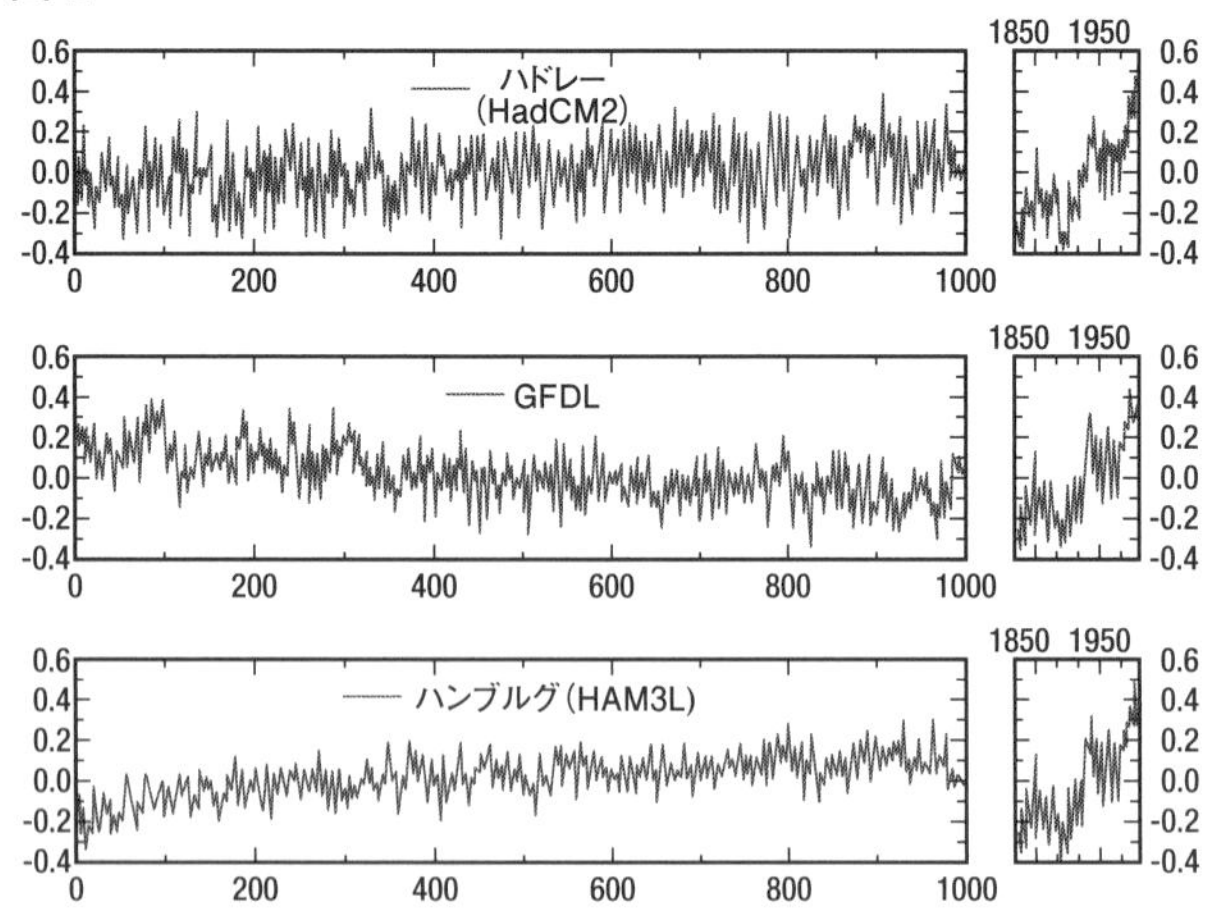

欧米の気候モデルによる過去1000年の気温変化の数値実験と1850年以降の観測値（近藤2003からの引用改変、田中 2019参照：https://ieei.or.jp/2019/10/expl191011/）

の温暖化となる。しかし、ＩＰＣＣ第５次報告にある観測結果では、西暦１０００年頃には中世の温暖期があり、１５００〜１８００年ころには小氷期があったとされ、最近２００年間はこの小氷期からの戻りで、０・５℃／１００年のリニアートレンドで気温が上昇している。過去１０００年の変動は人為起源ではないので自然変動である。CO_2の増加が気温に影響するのは第二次世界大戦以降である。この大振幅の自然変動を気候モデルは再現できないので、**図-2**のようにほぼ一定でトレンドのない気温変化にしかならないのである。もし、観測による自然変動の原因が今後解明され（太陽活動説が有力）、過去１０００

年の大きな変動とともに、近年の0・5℃／100年のリニアートレンドが自然変動で再現されたとすると、人為起源にその原因を求めた気候モデル予測の根拠は総崩れとなる。

このように、地球温暖化予測はいまだに仮説であり、検証できないので真実ではない。ところが、世界中が温暖化阻止、石炭火力全廃、今すぐ行動しないとティッピングポイントを超えてコントロール不能な地球温暖化地獄の世界が訪れると、まるで宗教のように危機感をあおり煽情的なポピュリズムに支配されている。そんな中で懐疑論的な発言をすると即、バッシングを食らう現状は問題だらけである。筆者の主張は根拠の薄い妄想であると言われるが、検証できないモデル予測も同様に、理論武装した妄想にすぎないのである。科学には多様性が大切であることを再認識して欲しい。

間違いだらけの地球温暖化論争

世の中の気候変動の議論は、とんでもない方向に行ってしまっている。筆者のことを温暖化懐疑論者だとか、研究の部外者に過ぎないと言う人がいるが、筆者は大気科学が専門で、温暖化研究のど真ん中で仕事をしてきた。大気大循環、すなわち地球大気がどのように流れているかという基礎研究を行ってきた。筆者は1981年に米国ミズリー大学大気科学教室に留学し、そこで博士（Ph.D）の学位を得て1988年にアラスカ大学地球物理学研究所の助教として教鞭をとりはじめた。この研究所の外部評価員がプリンストン大学の真鍋淑郎先生であった。当時は北極域の温暖化が顕著だったため、北極域を重点的に研究すべきという気運が盛り上がっていた。

1997年、アラスカ大学には温暖化研究のために日米共同出資で国際北極圏研究センターが設置され、アラスカ大学の赤祖父俊一教授が所長に就任。筆者も実働部隊として働いた。この頃までは、筆者も赤祖父先生も、地球温暖化は大変だ。温暖化が最も顕著な極域の研究を推進せねばならない。極域気候変動に研究費がもっと必要だ。と主張していた。しかし温暖化を研究すればするほど、アラスカのような高緯度地域では自然変動が大きいことがわかってきた。

2012年には筆者らの提案で「地球温暖化問題における科学者の役割」というシンポジウムを日本気象学会主催で開いた。そこには筆者の他、江守正多さん（国立環境研究所）や田家康さん（日本気象予報士会）も参加して闊達な議論が交わされた。この頃は温暖化に懐疑的な学会員が半数近くはいたと思われる。風向きが変わったのは2014年である。日本気象学会では、中立的な立場で地球温暖化に対する意見をまとめようと、「地球環境問題委員会」という企画が立ち上がった。筆者も企画者のひとりであった。その成果は『地球温暖化：そのメカニズムと不確実性』（朝倉書店）というタイトルで出版されたが、編集段階で大変なことが起こったのだ。

編集段階での出版物のタイトルは「間違いだらけの地球温暖化論争」とすることが京都大学の故里村雄彦先生により提案されていた。温暖化懐疑論には多くの間違いがあるが、気候危機論にも多くの間違いがあり、学会として双方の主張を公正に盛り込む予定であった。ところが脱稿直前になって、編集委員長の提案でＩＰＣＣの執筆者に内容を査読してもらおうということになった。今から思えば致命的な愚策であった。その結果、ＩＰＣＣの執筆者の見解と異なる主張は原稿からことごとく削除され、筆者が書いた「温暖化の半分は自然変動である」という内容の原稿は、ほとんどが削除された。書名も当初、企画メンバーで考えていた「間違いだらけの地球温暖化論争」という案から大きく変わってしまった。そこには懐疑論的な内容はすべて排除され、学会の名を冠したＩＰＣＣ報告の翻訳本が発刊されてしまったのだ。多様性が命の学会としては、大変残念なことである。
この頃から、日本では「温暖化は人為的なCO_2排出が主因であることは明白。もう決着した」という見方が支配的になり、異論をはさまないことが、「大人の対応」と言われるようになった。当初、筆者は勘違いしていた。「もう決着した」と聞いて、「いやいや、まだ温暖化の原因について、科学的に決着はついていない」と、科学者として憤りを感じ反論をしていた。しかし、しばらくして分かったのである。決着したのは「科学的」にではなく、もう世の中の流れがそちらの方に行ってしまったので、「抵抗しても無駄」という意味での「決着」だったのである。

気候のメカニズムについてはまだ解らないことだらけである。科学の不確実性をしっかり認識した上で、様々な立場の科学者が自由闊達に議論を戦わせ、切磋琢磨することで、解らないことについての解明が進んでいくというのが、科学と科学者のあるべきスタンスのはずだ。残念ながら、現在の気候科学の世界はそうなっていない。「温暖化は人為的なCO_2排出が主因」という主張に反論すると、懐疑派バスターズと称するグループにより「懐疑派」「否定派」のレッテルを貼られ、村八分のような状態になるというのが現実なのである。

科学は嘘をつかない。でも科学者は嘘をつく

ある時から、〝政治〟が〝科学〟を凌駕するようになった。科学者といっても、組織の中ではマネジャーでもある。研究費を確保し、自分の部署を守り、部下を養っていかなければならない。研究費が欲しい科学者は、「危機を煽るのはおかしい」「そこまでのエビデンスはない」と思っていても、口には出さない。そして「このまま地球温暖化が進むと…」との前置きをしてから研究成果を発表するようになった。多くが小さな嘘をつくようになったのである。民衆を説得するためには、多少の誇張や嘘はやむを得ないと考えている人もいる。温暖化研究でたんまり研究費が貰えた時代である。学界をリードする学者が政治家を動かし、政治家はその誇張や嘘を巧みに利用して政策をつくり、マスコミも見出しになりやすいので誇張したフレーズに飛びつく。その結果、誇張や嘘が修正されないまま、一般の人たちに広まっていくという構図になっている。

筆者は沢口靖子さん主演のドラマ『科捜研の女』のファンなのだが、このドラマに「科学は嘘をつかない」というセリフがある。これをもじって、筆者は「科学は嘘をつかない。でも科学者は嘘をつく」と言っている。もちろん、口をつぐんでいるだけで、嘘はつ

いていない科学者がほとんどだと思うが、「科学者のあり方」としてふさわしくない。『気候変動の真実』（日経ＢＰ）の中で著者のスティーブン・クーニンは、「科学者には特別な責任が伴う。厳正でつねに客観的な批判性をもって事にあたる必要がある」と力説する。まさにその通りだと思う。

筆者は米国で博士号を取ったので、クーニンのこの主張にはほぼ１００％同意するが、日本の科学界は「同調圧力」が非常に強く、クーニンの主張する科学者の倫理観や矜持がねじ曲げられやすいと感じる。ノーベル賞を取った真鍋淑郎先生も、筋金入りのサイエンティストで、科学が政治によってねじ曲げられることをとても嫌っていて、結局はアメリカに渡られてしまった。真鍋先生は「CO_2が増えれば気温は上がるだろう」と、あくまでサイエンスを語られていたが、「気温が上がれば人類は滅亡する」などとは決して言っていないのである。

ＩＰＣＣに集う科学者も大半はジェントルマンで、「このままだと地球に人が住めなくなる」といった大げさな発言をする人はほとんどいなかった。ただし、巨額のお金が絡みだすと人は豹変する。科学は気候変動についてどこまで解明していて、どこからが未解明で不確実性の高いことなのか。一般市民は、それをよく知ったうえで、環境ＮＧＯや政治家の言うこと、マスメディアの言うことに注意して反応すべきであって、科学が政治の道具になるのは本末転倒である。

筆者の専門は大気科学であるが、主に天気予報や気候変動の基礎となる地球流体力学と大気大循環論の研究をしてきた。筆者の最終講義の演題は先にも述べた「間違いだらけの地球温暖化論争」であった。故里村雄彦先生が残した言葉である。最終講義なので研究者人生の断末魔の叫びとしてこのタイトルを選んだ。

温暖化の研究をしてきた筆者は、長年の研究結果から、気候変動の半分は人為起源ではなく自然変動であると考えている。ここで言う自然変動としては、大気・海洋・海氷や植生などから成る地球システムの内部変動や、雲量の増減によるアルベド（反射率）の変化、太陽活動の長期変化などが候補に挙がる。

温暖化の90％以上が人為起源と言われるが、もし半分程度が自然変動ならば、人間がCO_2の排出量を抑えたとしても、今まで通り異常気象は発生するし、気候変動は起こると考えられる。脱炭素化の意義は半減する。しかし、このような仮説には納得できる明確な根拠の提示が必要であり、それは簡単ではない。気候変動の数値モデルを走らせたらそうなったという根拠ではだめなのである。数値モデルの結果はあくまで仮説に過ぎず、真実の証明にはならない。これは懐疑論にも危機論にも言えることである。そんな中で、近年の温暖化の大半は自然変動によるという根拠を提示した学術論文が出たので、次にそれを紹介する。

気候変動に関する現役最後の学術論文が国際誌に掲載された（Soon et al. 2023: https://doi.org/10.3390/cli11090179）。世界中の研究者37名の共著論文で、筆者はその中の一人である。論文の結論は2つあり、1つ目は、地上観測で集計される全球平均気温の上昇には都市のヒートアイランド効果が半分程度含まれているという点である。世界平均の0・89℃／100年という観測される気温の長期トレンドからヒートアイランドの影響を差し引くと、そのトレンドは0・55℃／100年に減少する。つまりヒートアイランドの影響で長期トレンドは62％に減るという点である。

2つ目は、太陽放射強度（太陽定数）は一定ではなく長期的に変化するという点である。太陽定数は定数であるかのように我々は教科書で教わったが、これは固定観念であり一定とは限らない。実際、教科書の数値は年々変化している。1978年以降の人工衛星のデータを見ると、最初にNimbus7衛星が計測した値は1372W／㎡だったものが2023年には1361W／㎡に減少しており、歴代の複数の衛星観測値には10W／㎡もの平均バイアスがある。そこで作業仮説としてこのバイアスを除去し、長期データの時系列を結合する。すると太陽黒点の11年周期の変動が滑らかに表現される一方で、衛星観測データの長期トレンドはなくなる。これは平均バイアスがないものと仮定したので当然であるが、真実ではない。太陽定数は定数であるという仮定が導入されているのだ。人工衛星以前の時代の正確な太陽放射強度は分からないので、数値モデルでは将来予測でも過去再現実験でもこの値は一定と仮定してモデルに投入してきた（図1-2）。しかし、太陽放射強度を一定とする根拠はなく、あくまで仮定であり、値は長期的には当然変化する。

IPCC仮説は完全崩壊している

図1-2で説明したように11年周期すら分からない過去1000年のモデルランの年平均気温はほぼ一定となる。太陽放射強度は一定と仮定したのだからそれは当然である。一

図-3

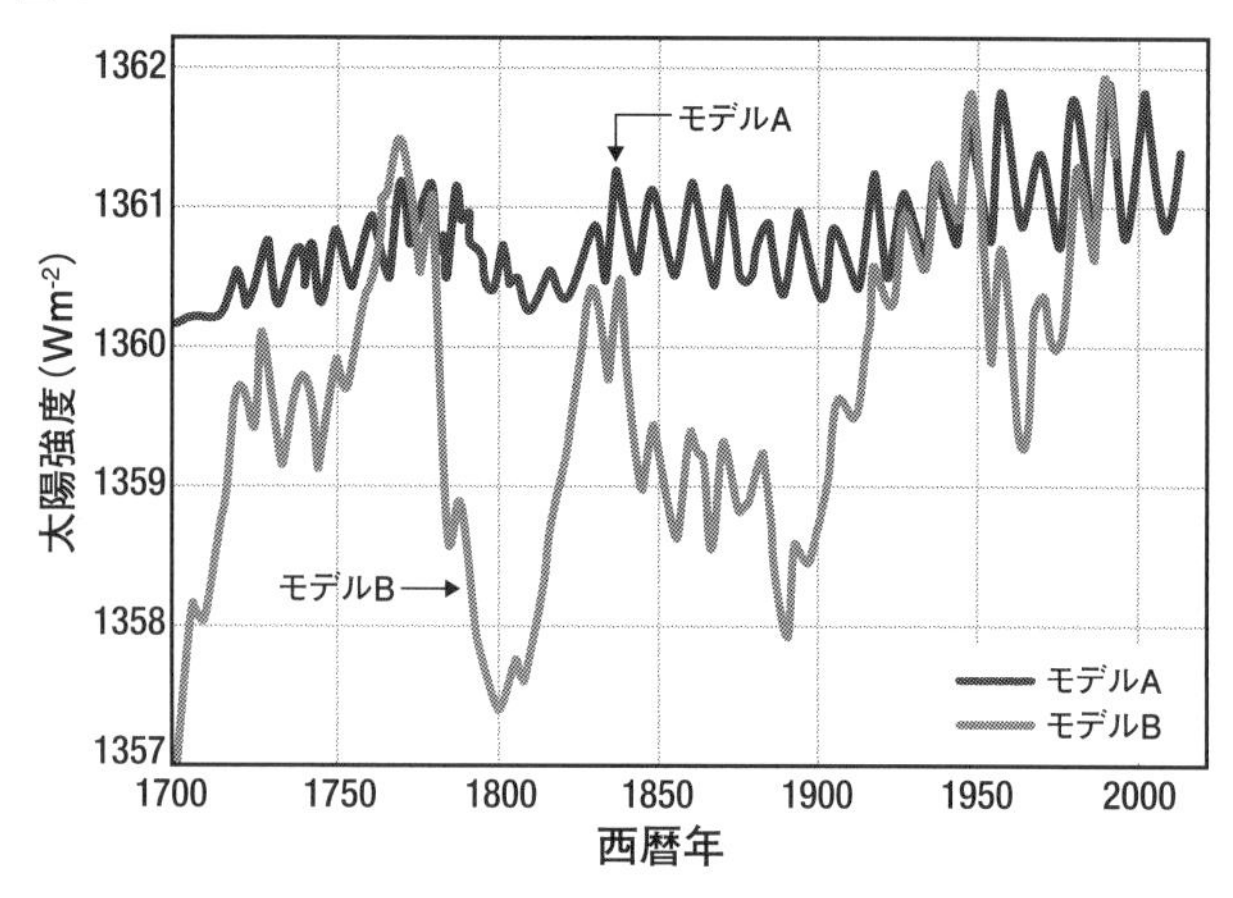

太陽放射強度(1700〜2004)のモデルA（上）とモデルB（下）による推定値。
（Scafetta and Willson 2014からの引用改変：https://link.springer.com/article/10.1007/s10509-013-1775-9）

方、近年温暖化しているという観測事実はCO_2放射強制力のみで調整・説明されることになる。長い棒の先が曲がったホッケースティックのような図が出来上がり、近年の温暖化のほとんどが人為起源である、となる。しかしこれは、太陽定数は定数であるとの仮定から導かれた当然の帰結であり、真実ではない。数値モデルを走らせたらすべてのモデルで同じ結果になった、では真実の証明にならない。筆者に言わせればすべてのモデルが間違っている。

ＩＰＣＣ報告にある気候モデル予測では、太陽放射強度（ＴＳＩ）がほぼ一定のモデルＡが一貫して使われてきた（**図-3**）。モデルＡは黒点数の11年周期のみを太陽定数に上乗せして推定されている。一方で太陽放射強度は長期的に大きく変動するというモデルBがある。18世紀ころの小氷期と呼ばれる寒冷期には黒点が長期間消滅した時期があり、この時の太陽放射強度は低下していたとの仮定から、太陽放射強度は大きく変動するという仮説である。モデルBは黒点数の他、黒点周期や減少率、太陽の自転速度の変化などを回帰式に組み込んで推定されている。このモデルBもモデルAも仮説という意味では対等であるが、残念なことにモデルBが最新の気候モデル予測に使われることはない。小氷期で気温が低かった時に太陽放射強度が弱かったことを裏付ける衛星観測がないという理由だが、定数ならいいのか。

そんな中で本研究では、モデルBの結果として得られる気温変動が、上記のヒートアイランド効果を差し引いた気温変動とほぼ一致することから、モデルBが正しいとの結論を導いた。論文査読では、「IPCCではモデルAが採用されており、この論文の結果はIPCCの結果と整合的でないので不採用」との回答が一部にあった。査読者はIPCC報告が真実であると勘違いしているらしい。この論文は受理すべきでないという圧力の中で、一部の好意的な査読者により本論文は受理された。

今後の検証が必要であるが、もしモデルBが正しければ、過去の温暖化も長周期変動も太陽放射強度の変動という自然変動で説明可能となり、CO_2の放射強制力によるチューニングが不要となる。この場合はIPCC仮説の完全崩壊を意味する。本研究では太陽放射強度の変化という自然変動に注目したが、大気中の雲の変化によるアルベド（反射率）の変化に注目した研究もある。要は人為起源でない自然変動で気候変動が説明されれば、IPCC仮説は完全崩壊する。その場合CO_2排出をネットゼロに削減しても、自然変動で起こる温暖化には何の影響もないことになる。コロナ禍の経済停滞で体験したような厳しいCO_2削減を30年続けても、温暖化とは無関係となる。そしてCO_2の排出が温暖化の原因ではないとなると、石炭火力が一番安全で安いエネルギー源となる。脱炭素化のムーブメントの根底がひっくり返るのである。

「かけがえのない地球を守る」とか、「将来を担う子供たちに環境破壊のつけを残してはいけない」といった美しすぎる謳い文句で温暖化危機論が展開され、まるで宗教のように危機感をあおり煽情的なポピュリズム一色になっている。「地球の危機を救え」とばかりに、海外ではグレタに引かれて数百万人の子供たちが温暖化阻止のデモ行進に参加した。まだ自我に目覚めてもいない小学生を含む子供たちが、温暖化阻止の大合唱を繰り広げていることに疑問を感じるのは私だけだろうか。

米国では温暖化懐疑論（共和党）と温暖化危機論（民主党）が真っ二つに分断されて対峙している。トランプ前大統領は「地球温暖化はでっちあげ」と言い懐疑論が主流であった。それがバイデン大統領になり逆転したが、また今度もしトランプ氏が大統領に復帰すれば、懐疑論が主流となってパリ協定を再度離脱し、主要研究機関のトップ人事が入れ替わると予想される。

ポリティクスに凌駕されるサイエンス

日本では同調圧力により温暖化危機論者が99%の優勢を占め、1%の懐疑論者は業界から村八分にされるのが現状である。米国の分断の比率（50%）と明らかに異なっている。筆者は米国で学位を得ているので、両国の国民性の違いをよく知っているつもりである。最終講義で本音を話し、最後の学術論文で温暖化のＩＰＣＣ仮説は崩壊していると主張しても、「いまさら懐疑論？」と一蹴されて注目されることはない。科学的議論は既に終わっていると告げられる。そして「懐疑論はフェイクだから見向きもするな。スルーしろ」とのお達しが温暖化村の村長から聞こえてくる。トップが一般市民相手にこんなセリフを吐くのであるから、温暖化のサイエンスはもう死んでいる。救済者は誰もいない。これが気候科学の現実なのである。

「間違いだらけの地球温暖化論争」は棚上げにし、あたかも真実に立脚しているかのように「脱炭素を達成するため」とか、「気温上昇を1・5℃以下に抑えるために」といった温暖化対策が膨大な国費を費やして推進されている。今日の政府やマスコミ、環境NGOによる脱炭素化の活動は、恣意的なサイエンスに基づいているのである。温暖化村の学者が気候危機を煽り、温暖化研究が国家予算で推進され、NHKが恐怖心を煽る特集を組んで大衆を洗脳し、政治家は構築された世論に基づいて地球温暖化対策推進法を成立させて脱炭素化を推進する。それに従わない懐疑論者は弾圧されるようになった。もはやサイエンスはポリティクスに凌駕されている。間違った法律ができたら万事休すなのだ。

グリーン事業やエネルギー革命の名目で、今後10年で150兆円もの官民投資案が国会で議決された。その原資は巡り巡って税金である。今、ボールは国民に投げられているのである。脱炭素化で石炭火力が廃止に追い込まれ、エネルギーが高騰し、再エネ賦課金で電気料金が値上げされ、それが原因の物価高で国民が苦しんでいる。これでは自業自得と言われても仕方がない。一方、脱炭素化でぼろ儲けしている人たちがいる。環境保全を名目に世界のメガバンクが温暖化ビジネスに参入してきた時は驚いた。何が正しくて何がフェイクなのか、他人の頭でなく自分の頭で考えて判断する英知が大切だ。相手がサイエンスで脅して来たら嘘が含まれていると思え。もし米国がパリ協定から再度離脱したら、即座に日本もパリ協定から離脱するのが賢明だ。世界的な脱炭素化への動きの中で、その根底を成すＩＰＣＣ仮説は既に崩壊している。政治的で有害なＩＰＣＣは即座に廃止すべきである。無駄で意味のない脱炭素化への１５０兆円もの投資は今すぐ撤廃し、安全で安価な石炭火力を安心して復活させるべきである。

日本が50年努力しても効果はほぼゼロ！「CO_2削減」という狂気

渡辺 正（東京大学名誉教授）

40歳より若い読者なら、CO_2（二酸化炭素）は悪玉なので排出を減らそう……なんて話を、学校に上がる前から聞いたはず。なるほどCO_2は赤外線を吸う。地球に届いた太陽エネルギーが赤外線に変わって宇宙へ戻るとき、CO_2が一部を吸ったあと地球に向けて放射するから、その分だけ気温は上がる。入学後は先生にそう教わり、受験用に覚え、CO_2が起こすとかいう「気候変動」や「異常気象」の報道や本にも触れ続けた。けれどCO_2ホラー話のほとんどはウソだった。若い方々には心から同情したい。

かたや老人の私が「CO_2悪玉論」を耳にするのは40歳のとき、1988年の末だった。少し前の70年代〜85年は「地球寒冷化・氷河期接近」が騒がれ、おびただしい論文と本が出ている（後日の入手分も含め和書が手元に約30点）。話がなぜ真逆に振れるのかと、気候科学は専門外ながら違和感を覚えたのを思い出す。

違和感の背後には、2つの個人的な事情もある。まず88年当時は、大学に属す工学系の研究所に研究室を構え、やがて直接間接に博士8名を生むテーマが「光合成の仕組み解明」だった。中高校でも習う光合成は、光エネルギーの助けでCO_2を有用物質に変える植物の営みをいう。あとでも補足するとおり、全生物の命ばかりか人間の営み全部も、光合成が支えると考えていい。そんな営みの原料物質＝CO_2を悪とみるなど、心にストンと落ちる話ではなかった。

もうひとつ、勤務先の物質系部門には70年代から切れ目なく、国家事業に近い大型環境研究の代表者がおられた。分野は遠くても「使いやすい若手」と思われたのか、１９８６年度から11年間（38歳から48歳まで）、連続2期の代表者より事務局の運営を拝命する。交流した数百名の環境研究者には、3年目の88年に始まる「温暖化問題」をさっそくテーマに選ぶ人もいた。

いわば「よそ者」がプロの仕事を横目で見つつ務め上げた直後の97年、京都でＵＮ気候変動枠組条約の第3回締約国会議（ＣＯＰ3）が開かれた（United Nationsの意味は「連合国」だから、以下「国連」はUNと表記)。勢いを増す騒ぎに違和感もいよいよ募り、以後は本業のかたわら「温暖化(+環境)騒ぎウォッチャー」を続けてきた。

四半世紀を超すウォッチングの末、CO_2悪玉論(昨今の流行語なら脱炭素やカーボンニュートラル)をめぐる狂気や詐欺的状況に呆れ果てている。政治家も企業人・大学人・メディア人も「口だけ達者な集団」として自己の利益を追い求めるが(原資は庶民からひそかに奪う血税の類)、目標達成などありえないことは中学生でもわかる。

しかも一件の創世記=原点は、「環境や地球を守る」美しい話ではなく、UNと環境関係者が失業対策用に思いついた妄想にすぎない……という話の流れになる予定。

疑問の余地ない「大気中CO_2濃度の推移」

まずは、温暖化・気候変動の話を織りなすデータ類のうち、「確実なのはこれっきり」というものを紹介しよう。以後も折々に眺め、右記の結論を確認いただくことになる。

大気中CO_2濃度の測定は、1957年7月~58年12月の国際地球観測年に始まった。小学校高学年だった私は、むろん事業の中身など知らないまま、図柄がペンギンと南極観

図-1　大気中CO_2濃度の推移：1958年１月〜2024年4月

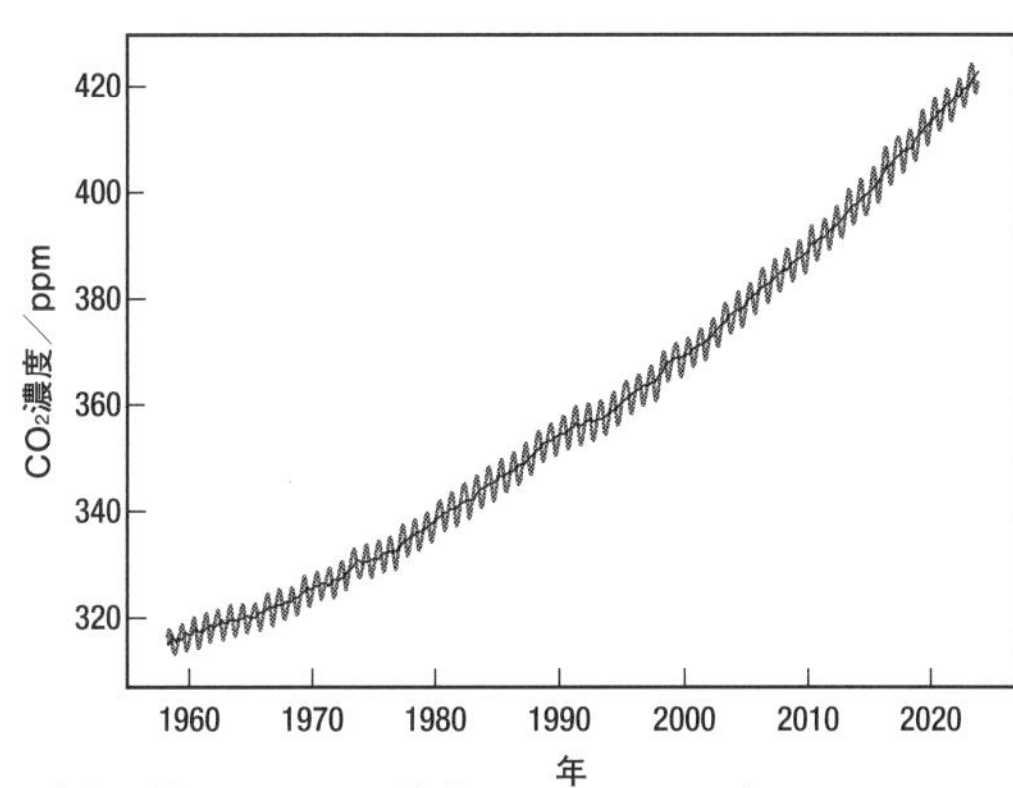

濃度の単位ppmは百万分率（100 ppm = 0.01%）

測船「宗谷」の記念切手が出たことだけは覚えている。米ソ（当時）が史上初の人工衛星を打ち上げたのもその期間だった。

CO_2濃度の測定は米国ＮＯＡＡ（海洋大気庁）が先導し、ハワイ島・マウナロア山の中腹（標高３４００ｍ）を皮切りに、太平洋の島々と北極圏、南極など12か所に測定サイトをつくる。地球の素顔をつかむため、余計なCO_2が出ない場所や、人里離れた地点を選ぶ。日本は約30年遅れて87年から岩手県の綾里（りょうり）、93年から東京都の南鳥島、97年から沖縄県の与那国島でCO_2濃度の測定を始めた。

諸国も加わった結果、いま世界には１２０を超す（南極大陸だけで5か所の）CO_2観測サイトがある。２０２４年暮れに満66歳となるマウナロアのデータを**図－1**にした。

濃度曲線はギザギザしている。北半球にあるハワイ島の春先～夏場は植物が活発に光合成（次項）をして大気のCO_2を吸うため、濃度が少し下がる。晩秋～冬場の光合成活動はぐっと弱く、枯れた草木や動物の死骸が分解してCO_2に戻る結果、濃度は上がる……というわけでCO_2濃度は、ぴったり1年の周期で8ppmほど変動し、曲線にギザギザを生む。

地球全体だと、植物が光合成用に吸うCO_2は年々およそ4000億トン（人間が出す量の10倍以上）にのぼり、それとほぼ同量が、動植物の呼吸・腐敗を通じて大気に戻る。なお、現在の大気は約3兆トンのCO_2を含む。

季節が北半球と正反対の南半球では、ギザギザのパターンも逆転する。また、植生がほとんどない南極大陸だと、CO_2濃度曲線にギザギザはできない。そんなローカル性はあるものの、ギザギザをならした線にしたとき、世界120か所以上で得られた結果には、CO_2濃度の絶対値も含め、差がほとんど見られない。つまり**図I-1**は現在まで65年以上、地球上の「自然に近い環境」なら、どこでも同じ「CO_2濃度のトレンド」だったと考えてよい。

あとでも強調する点をまとめておこう。大気のCO_2濃度は、測定開始以来ずっと増え続けてきた。「創世記」(1988年)は図Ⅰ−1横軸の真ん中より少し左だから「温暖化騒ぎ時代」は、もはや図Ⅰ−1全体の半分を超す。その間、とりわけ95年ごろ以降はきれいな一直線に乗り、直近の約10年間は勾配がやや増したように見える。

ともあれ、地上の騒ぎなど「われ関せず」とばかり、大気のCO_2は増加の一途にあることをご確認いただきたい。

CO_2は恵みの物質

日ごろ食卓に載る飲食物のうち、光合成と直接の関係をもたないものが2つだけある。何だろう? 答えは「水と食塩」だ。穀類や野菜・果物は植物そのものだし、酒もジュースもスパイス類も植物の組織を原料につくる。牛肉や豚肉は草食動物の組織だけれど、肉食動物の肉も元をたどれば植物に行き着く。水の中で物質生産をするのは植物プランクトンと藻類しかなく、それを小魚が食べ、小魚を大魚が食べ……という食物連鎖のなか、クジラも魚もイカも貝類も、直接間接に植物を食べて暮らす。光合成しないキノコが、腐った植物組織や生きた植物から養分を吸収して生きるのはご存じだろう。

植物は太陽光のパワーを使い、CO_2から炭素化合物（生命分子）をこしらえる。その産物が、植物自身はもちろんのこと、地球上の全生命を養う。ヒトを始め、生存に必須な物質の全部を自前で用意できない（いわば欠陥生物の）動物は、植物に寄生して生きるしかない。

体重60キロの読者なら、体内に10キロ超の炭素原子Cをもつ。そのCも、CO_2の姿だったものを植物が大気から吸い、絶妙な光合成を通じ、うるわしい物質に変えてくれたものだ。現在の光合成産物は食品のほか衣料や建材にもなり、太古の光合成産物は長い時間のうちに変性し、石炭や石油・天然ガス（メタン）などの化石資源となった。

大都市の高層ビル群も華麗な夜景も、暮らしに欠かせない電車も自動車も飛行機も、植物に寄生するヒトが太古の光合成産物も利用しながら生んだ作品なので植物の恵み、ひいてはCO_2の恵みにほかならない。むろん古代エジプト以来のあらゆる文化・文明も同様——という事実に気づいたら、世界を見る目も変わるだろう。35年ほど光合成の研究を続けた私は、零細農家に生まれ幼時から作物＝植物になじんだこともあり、ほかの方々より早く気づいたような気がする。

「CO_2飢餓」状態にある現生植物

世界をしっかり支えながらも、植物たちは現状に満足しているわけではない。地球史を振り返ると、その理由がわかってくる。

46億年の地球史上、生命は（光合成生物も）約38億年前に生まれたという。以後30億年を超す期間、太陽から危険な紫外線が降るせいで、生物は海中で暮らすしかなかった。光合成の副産物（酸素）からできる成層圏のオゾンが紫外線を十分さえぎり始めた6～5億年前、一部の生物が陸上進出を果たす。たまたま上陸した緑藻のどれかが、やがて約50万種へと分化・進化する陸上植物の先祖になった（コンブのような褐藻が上陸していたら、いま身近な植物はどれも茶色に見えるはず）。また、同じころ上陸した魚のどれかが、ヒトを含めて約3万種いる陸上脊椎動物のご先祖となる。

少しあとの3～1億年前、大気のCO_2濃度はどうだったのか？　むろん実測値はないけれど、植物の化石に注目すると、大まかに推定できる。ふつう葉の裏面に多い気孔は、光合成の原料CO_2をとりこむ一方で、体内の水分を逃がしもする。葉っぱ全体で気孔が占める総面積は、CO_2吸収のためには大きいほうがよく、「脱水症」を避けるには小さいほうがよい。

大気のCO_2濃度が高ければ、気孔の総面積を減らして植物はハッピーになれる。3〜1億年前の化石を調べてみると、気孔の相対的な面積は現生植物よりおおむね小さいという。そんな観測事実をもとに、正確な値は出せないものの、当時のCO_2濃度は現在の3〜10倍もあったと思われている。

いま考えた3〜1億年前は、地質時代の区分でいうと、シダ植物などが大いに繁茂した石炭紀から、恐竜が大繁栄したジュラ紀までにあたる。現生植物は、そのころできあがった「体質」をまだ捨てきれないのか現在の濃度は「低すぎる」ようで、CO_2が濃いほどよく育つ。だから農家は温室栽培のとき、油を燃やしたりCO_2のボンベを開けたりしてハウス内部のCO_2濃度を1000〜1500ppm（外気の3〜4倍）に上げ、増収をねらう。

大気に増え続けるCO_2**（図1-1）**は、むろん植物の量を増やしてきた。1970年代の後半からあちこちの機関（日本だと千葉大学・環境リモートセンシング研究センターなど）が実施し、論文発表してきた膨大な衛星観測の結果を総合すると地球の緑は、開発が進む特殊な地域を除き、過去30年で10%ほど増えている。サハラ砂漠南部＝サヘル地域の緑化がとくに名高い。温暖化（気候変動）で地球の緑が減少中……という話は、メディアが報じ本に書いてあっても、真っ赤なウソだと心得よう。

植物の増加イコール食糧増産だから、大気に増えるCO_2は、数億といわれる飢餓人口を少しは減らしてもきた。けっして「環境負荷」などではない。

うるわしい物質CO_2を悪とみる風潮は、わずか35年前の「温暖化騒ぎ・創世記」に発するけれど、中学校理科のセンスがある人なら思いつくはずもないことだった。

ちなみに「エコ」の原語Ökologie（英訳ecology）は、日本でいうと幕末の１８６６年にドイツの動物学者ヘッケルが、ギリシャ語の*oikos*（オイコス＝家）と*logos*（ロゴス＝ことわり）からこしらえた。自然界を生き物たちの「家」とみて、生物と環境の調和を考える学問を意味する。生物と環境の調和では、CO_2という物質がコアにある。CO_2が十分に濃いからこそ植物は栄え、ひいてはヒトを含めた全生物界が豊かさを保つ（１５０ｐｐｍ以下なら植物は育たず、全生物が滅びてしまう）。CO_2が濃いほどに豊かさも増す。だから、CO_2を減らそうというのは、そもそも「反エコ」の発想だった。

人間の出すCO_2が地球を暖める？

図1を見るたびに私は、地球の緑化や食糧増産を思って心が弾む。だが昨今は、CO_2は人間活動のせいで大気に増え……地球を暖め、異常気象を増やす諸悪の根源……と思う人のほうがずっと多いだろう。ただし当面、「人間活動の出すCO_2と気温の因果関係」はおろか、「CO_2濃度と気温の因果関係」さえよくわかってはいない。

そのあたりにつき、「温暖」に悪いイメージなどもたない人間として若干の情報を述べ、読者のご参考に供しよう。なお、教科書に載る「世界の気温変化グラフ」とか、NHKが好んで流す「地球の異変」類のあやしさなど、紙幅の都合で語りきれない部分については、著者略歴欄にあげた拙著を参照いただきたい。

まずは過去数十年の気温変化を考える。計測値に大きく影響する都市化効果を補正した気温は、信頼度の高いデータを見るかぎり、「10年に約0・1℃」のペースで上がったとおぼしい。昇温の「傾向」は過去170年ほど続いてきたものの、主因がCO_2の増加とはかぎらない。なにしろ1940～70年代は気温が明確に下がり、「寒冷化騒ぎ」が起きたのだ。

また、いま地球の気温は、数百年の周期をもつ自然変動の途上にあり、現時点がたまたま昇温期――とみる研究者も少なくない。幕末＝１７０年前に先立つ３００～４００年間は地球規模で寒く、一般に「小氷期」と呼ぶ。２月のテムズ川が凍りつき氷上で祭りを催したとか、日本（江戸期）を始め各地で凶作＝冷害が多かったとかの記録が残る。

地球表面の快適な温度は、ほとんどを太陽（ごく一部は地熱）が恵む。それぞれ特有な軌道を動く惑星たちとの引き合いが効き、地球と太陽の距離はいろいろな周期で微妙に変わる。最短周期11年（０・２℃弱の気温変化を生む黒点の消長）のほか、22年や87年、２１０年、２３００年などの周期もあるという。

海の表層水温も自然な周期変動をする――と20世紀の末にわかった。たとえば北極海の水温は60～70年周期で上下動し、たまたま１９７０年代の末（地球表面の衛星観測が始まった時期）から昇温モードにあるため、海氷が少しずつ減っている（１９２０～40年が前回の昇温期だったようで、海氷の激減に注意を喚起した新聞記事が米国に残る）。変動モードが異なる南極圏だと、CO_2濃度は**図Ⅰ-１**と同じなのに、気温は横ばいか下がり気味で推移してきた。つまり先ほど書いた「10年に約０・１℃」も地球全体の話ではなく、ローカル性がかなりある。

要するに「近ごろの気温変化とCO_2の因果関係」など、断定できる段階ではない。いずれにせよ気温変化の主因が自然変動なら、私たちに打つ手は何もない。現時点が「自然な周期変動の昇温期」だとすれば、濃度上昇（図1-1）の一部ないし大半は、温まる海水が吐くCO_2だろう。気温の「自然な周期変動」はいずれ（たぶん私が死んだあと）寒冷化モードに変わり、温暖化騒ぎなど雲散霧消させるにちがいない。

南極点に近いボストーク基地（ロシア）で深さ約3600mまで氷床を掘り、42万年に及ぶCO_2濃度と気温を推定した研究がある（99年の『ネイチャー』誌論文）。推定値を信頼すれば、過去の間氷期の開始時点（41万・34万・23万・13万年前）は、CO_2がわずか280ppm程度だったのに（現在は5割増の425ppm）、気温は現在より1～2℃も高かった。つまり、「CO_2増加→温暖化」という一見「なるほど」の因果関係さえあやしい。

過去7000年間を振り返っても、同様なことが言える。「完新世の最温暖期」に属す7000年前の気温は、緯度に応じ、現在より2～5℃ほど高かったとおぼしい。温度が高いと水が熱膨張して海水面が上がる。日本では名高い縄文海進が起き、東京都23区の東半分は海の底だった。だから高台（武蔵野台地）の端部に貝塚が散在するのをご存じの読者もいよう。

以後の気温は、ローマが栄えた温暖期（BC3〜AD4世紀）、ゲルマン民族（欧州）や半島の民（日本付近）が寒さを嫌って南下した中世寒冷期（4〜8世紀）、グリーンランドで農耕ができた中世温暖期（10〜14世紀。日本の平安時代）、先述の小氷期など多様な上下動を見せながらも、大づかみには「下がり続けて」現在に至る。

その同じ7000年間にCO_2濃度は、南極やグリーンランドの氷の分析結果が正しいなら、約280ppmから425ppmへと単調に増え続けた。すると当然、少なくとも7000年間のCO_2濃度は、「気温を左右する主因ではなかった」とわかる。

減らせていないCO_2をめぐるドタバタ

CO_2の排出削減で地球を守る――創世記（1988年）の直後は「いったい何？」だったそのスローガンも、新聞やNHK経由で世にすっかり浸透した。京都議定書の発効（2005年2月）から20年近くは、耳にしない日もないほどだ。

スローガンのもと、日本を含む一部の先進国が（やがて中国も）「再エネ発電」を進める。初期のころは、デンマークがバルト海で始めた洋上風力発電の規模に驚いた。米国だと、やけに熱心なカリフォルニア州やテキサス州が、いまや発電量の40％ほどを風力や太陽光にしたという。屋根に太陽光パネルを載せる家も増え、日本では風力＋太陽光の発電容量が10％を超したとか。ときたま帰る郷里（山陰の小さな町）にもあちらこちらに風車が立つ。同じスローガンのもとEV（電気自動車）も米国や中国が大々的に展開中。そんな話をNHKが、「地球を救う美談」かのように報じまくる。

さて現実はスローガンどおりに運んだのか？　CO_2が悪玉なら、理想形はひとつしかない。地球の緑化と食糧増産（本物のエコ）を弱めるのは残念だが、大気中のCO_2を減らすことだ。CO_2濃度を下げない「温暖化対策」に意味はない。というわけで、**図1-1**をまた眺めよう。右半分の「温暖化対策」期が完全な失敗だったのは明白だろう。なにしろ直近の約10年など、濃度上昇はむしろ加速しているようにさえ見えるのだから。

CO_2増加の要因は2つ（自然変動、人間活動）あり、そのどちらがどれほど効くのかはわかっていない。自然変動が主因なら放置でよい（前項）。

主因が人間活動だったなら、とりわけ直近10年の勢い増強は、新興国で進む工業化（エネルギー消費増＝CO_2排出増）のせいかもしれない。そのほか、同時期に大増殖した再エネ設備やＥＶも候補になる。太陽光発電なら、シリコンの採掘・精製・加工、発電設備の建造・保守に（いずれは廃棄にも）大量の化石資源を使い、根元でCO_2を出す。風力とＥＶの推進もCO_2排出増の要因になりうる。事実そうなら「排出削減」は、空振りや戯画どころか、「詐欺」と呼ぶべきだろう。

私の目には「バイオ燃料」が最悪と映る。理由は（右記の再エネ・ＥＶも含め）著者略歴欄の拙著に述べたが、つい最近の話も紹介しよう。昔の学生Ａ君（大学教授）がこんな告白メールをくれた。自分はバイオ燃料で研究費を得ています。「CO_2排出削減」を謳う申請書は通りやすいんです。素直に計算すると「１００の石油を使って１を回収できるかどうか」のレベルで、そこを格段に改善する余地はまったくありません。でも正直に書けば研究費が来ないため、先生どうかお目こぼしを……。

Ａ君の稼ぐ研究費も、再エネ事業者やソーラーパネル設置家庭が（直接間接に）もらう補助金も、その根元は、庶民が納めた税金と、２０１２年に民主党政権が始めた「再エネ賦課金」だ。ざっと見積もれば庶民ひとりは、もう60万円以上を再エネ事業者や富裕層に奪われた。愚行が２０３０年まで続くなら、ひとりが（見返りもなく）奪われるお金は１００万円を超す。成果ゼロ（マイナス？）の営みに気前よく巨費を配り続ける政府の姿勢は、大犯罪の類だろう。年にドブ捨てする数兆円は、老朽化が進む社会インフラの改修などに使うほうがずっと賢い。

CO_2排出削減と称し、鉄鋼メーカーが燃料をメタンから水素に切り替えるとか、鉄道会社が「再エネ電力」で電車を走らせるとか、スウェーデンの町が生ゴミを発酵させたメタンでバスを走らせるとか、政府が「排出量取引」の旗振りを企画中とか、そんな話をNHKはよく流す。どれもCO_2排出を増やすはずだが、国民の洗脳が進んだ現時点なら、事業者は大金が懐に入る。まぁNHKの場合、そんなニュースの常宿は（環境や科学の番組ではなく）朝6時台の「おはBiz」だから、ビジネス（金儲け）の話にすぎないという実体を、番組の制作陣も見抜いておられるのだろう（と思いたい）。

国土の狭い日本だと、太陽光や風力には別の問題もある。ふつうは森を拓いて（自然を破壊して）発電施設をつくる。スタート時の規制が大甘だったせいもあり、昨今は発電事業者と住民との紛争が絶えず、2024年3月時点で紛争中の市町村は全国に350以上もあるという（27日付・産経新聞）。クマ出没の急増も、原因の一部は再エネ用の乱開発ではないのか？　またEVは、ずしりと重くて高価な電池に車輪をつけた物体だから、タイヤの摩耗が速いうえ、路面を削ったりもする。そんなものを讃える人の神経が、私にはさっぱり理解できない。

なお、「脱炭素」や「カーボンニュートラル」は前世紀の末にポッと現れ、どうみても非科学だからとたちまちお蔵入りになった語だ。それを歴史のゴミ箱から拾い上げた方々のうち、政治家は票のため、企業人は金儲けのため、大学人は研究費稼ぎに使いまくる。しかも能書きと結果に整合性がまるでない。私たちはそんな狂気の時代を生きている。

たとえ減らせても意味はゼロ

図I-1は過去65年余に及ぶ地球大気の姿だから、いままでの話は世界全体にからむ。この項では、口先だけにせよ脱炭素やカーボンニュートラルを叫ぶ政府首脳や経済界・学界の重鎮が他国より多そうな日本のことだけ考えよう。
先述のとおり、ここ数十年の世界気温は「10年に約0・1℃」のペースで上昇中。昇温の要因に人間活動（CO_2排出）が占める割合は不明ながら、多めに半分（50％）くらいと仮定する。つまり人間活動は10年に約0・05℃ずつ気温を上げ、今後もしばらく同じペースが続くとすれば、50年後の「人為的な昇温」は約0・25℃に届く。

縁起でもないけれど、小松左京『日本沈没』の趣で日本国がフッと消えたとしよう。日本が排出するCO_2は世界の約3％なので、その分だけ気温上昇のペースは鈍るはず。いま社会を動かす層の大半が死に絶えている50年後の成果（？）は0・25℃の3％だから、電卓を叩いて約0・008℃だとわかる。100年後の0・015℃でさえ、地球の気象や気候に影響する確率は「ほぼゼロ」だろう。

そんな国の中で、家電製品の省エネ化だとかバイオマス発電の改良だとか、CO_2を集めて地中に埋めるとかプラスチックの合成原料にするとか、企業人や大学人が誇らしげに発表し、NHKなどメディアが讃える。けれど、かりにCO_2排出削減につながるとしても、個別案件の「威力」は国全体の1万分の1未満だろう。牛のゲップが含む温室効果ガス（メタン）を減らすという味の素と明治飼料の計画（5月12日 日経ネット）も、世情に悪乗りしたカネ儲けの企みだ。日本国が消滅しても意味は「ほぼゼロ」だから、個別の営みは「完璧なゼロ」に決まっている。先ほども使った語でいうと、血税などが原資の補助金で進めるそんな営みは「詐欺」としか言いようがない。

2020年から翌21年にかけ、コロナ禍で経済が停滞した結果、世界のCO_2排出量は約6％も減った。日本国の2個分が消滅したに等しい。要するにCO_2排出を減らしたいなら、ベストは経済活動の縮小、次善は「何もしないこと」だとわかる。

狂気の根元

温暖化騒ぎの「創世記」＝１９８８年とは、どんな時期だったのか？ 80年代末の世界は、終戦直後から続いたソ連（東）とアメリカ（西）の冷戦に幕引きの気配が見え、激動のさなかにあった。若干の経緯を経て89年11月にベルリンの壁が崩壊し、２年後の91年12月にはソビエト連邦も消滅する。

冷戦時代のＵＮは、「東西調停」も大事な業務のひとつだった（ウクライナやガザの現状を見るにつけ、ＵＮの調停能力には黒々と疑問符がつくが）。その仕事がなくなってしまう。どんな組織も、いったんできたあとは規模拡大（せめて現状維持）を目指す。つまりＵＮの関係者は、次の新しい仕事がほしかった。

たまたま環境の関係者も似た状況にあった。１９６０年代末までの「公害時代」を抜け、先進諸国は70年ごろ「環境時代」に入る。地味な努力を懸命に続けた結果、15年ほどで空気も水も土壌もすっかりきれいになった。だがそうなると、省庁や自治体、企業、大学に大増殖していた環境担当者・研究者の多くは失業しかねない。

ぴったりのタイミングで88年の6月、米国NASAの研究者ハンセンが連邦議会の公聴会で、「人為的CO_2が地球を暖めているのは99％確実。何もしないと地球は破局を迎える」という趣旨の証言をする。おもな根拠は、同年に自身が発表していた気候シミュレーションの結果だけ。70年前後のゼロ点からぐんぐん上がり、半世紀後の2020年には世界の昇温が1・5℃を超す勢いのグラフだった（現実の昇温は0・4℃程度）。

そのころCO_2の大半は先進国が出していた。そこでUNは考える。CO_2を悪者とみなし、「悪徳の程度」に応じたカネを先進国から奪って途上国に回せば、UNらしい仕事（南北問題の緩和）になるぞ……。事実、重鎮のひとりだったドイツ・ポツダム気候影響研究所のエーデンホーファー氏が、創業精神（？）をこう表現している。

俺たちは、この政策で世界の富を再分配し、富裕国から貧困国にお金を流したい。

環境のことなんか、どうでもいいんだよ。

ハンセン発言から半年もたたない88年11月、UN傘下の環境組織UNEPと気象関連組織WMOが合同でIPCC（気候変動に関する政府間パネル）を立ち上げた。

UNは7年後の95年から毎年の暮れ近く、数万人が集う約2週間のCOP（締約国会議）

をリゾート地で開いてきた。会期中は「創業精神」どおり、「早くカネをよこせ」（途上国）と「ちょっと待て」（先進国）の口論を基本とし、「排出削減目標」の数字いじりも行われるが、30年近く進展は何もない。当然ながら同期間、念頭外とはいえ「温暖化対策」にCOPがいっさい役立たなかったことは、**図1-1**から明々白々だろう。

88年当時はCO_2排出量の少ない「途上国」だった中国を、UNはいまなお途上国に分類する。その国が、いまや世界ダントツのCO_2排出量を誇るのだ。つまりUNの創業精神は、とうの昔に破綻している。なのにUNを権威と仰ぐ人々が、あやしい話に莫大なお金と時間と労力を回す。貴重な資源は、ほかの用途に使おうではないか。

そういえば、UNの誰かが適当に思いついただけのSDGs、「途上国も早くこうなろうね」程度の標語でしかない17項目を（新興宗教のごとく）讃えるのも、日本くらいだろう。そもそも邦訳からしておかしい。開発は必ず終わるため、「持続可能な開発」などというものはありえない。Development（写真なら現像）は「姿を整えつつ進むこと」だから、SD部分を「たゆみなき前進」、SDGsの全体は「望ましい未来」くらいにするのが、まっとうな言語感覚だろう。いずれにせよ全世界を愚行に走らせたUNと環境関係者の罪はまことに重い。

第四章

世論操作・偏向メディアの欺瞞

再生可能エネルギー派による世論操作の破局
今なお残る「学者のウソ」という壁を壊せ

掛谷英紀（筑波大学システム情報系准教授）

拡散された衝撃の動画

これまで、太陽光発電や風力発電をはじめとする再生可能エネルギー（再エネ）は環境に優しい、長期的にはコストを安くできるといった宣伝文句が推進派によって繰り返されてきた。しかしながら、メガソーラーによる深刻な自然破壊の進行、再エネ賦課金による電気料金の高騰により、そのウソが国民にも広く知れ渡るに至っている

再エネの固定価格買取制度（ＦＩＴ）が始まる頃から筆者はこの結果を予見する発信を

繰り返し行ってきた。そもそも、太陽光発電や風力発電には致命的な欠陥があることは、高校生の理科の知識があれば十分理解可能である。一つは出力が不安定なことで、これは比較的広く知られている。もう一つ致命的なのが、エネルギー密度が低い（単位面積・単位体積あたりに得られるエネルギーが少ない）ことである。そのため、まとまった電力量を得るには広大な開発面積が必要となる。それがメガソーラーによる大規模自然破壊の原因である。

自然エネルギーの密度の低さは、高校の理科の知識で簡単に計算して確かめることができる。たとえば、火力発電で重油1立方メートルを燃焼して得られるエネルギーと同じエネルギーを高さ100メートルの水力発電で得るためには（簡単のため、変換効率は同じと仮定する）、約4万立方メートル（つまり体積が4万倍）の水が必要になる。前者は高校の化学で習う燃焼熱、後者は高校の物理で習う位置エネルギーの式で計算できる。太陽光発電や風力発電はさらにエネルギー密度が低く、実績値で水力発電の4倍から5倍の開発面積が必要になる。

高校の理科の知識でもウソと確認できることが、なぜ10年以上も野放しにされたのか。それは政府や企業が学者を巻き込んでウソを本当と信じ込ませる世論操作を行ったからである。学者にとって、再生可能エネルギー推進のプロパガンダに乗ることには大きな「うまみ」がある。国から研究費をとりやすいのである。

太陽光発電は他の発電方式と違って変換効率が低く改善の余地が多く残されている。よって、論文になる研究がしやすい。技術的に何らかの新規性があり、既存の方式に比べて1%でも変換効率が改善すれば、コスト面などで実用性がなくても、とりあえず論文になる。

だが、前述の通り太陽光発電はエネルギー密度が低いので、変換効率が向上してもその差分で新たに得られる電力量は僅かである。火力発電や原子力発電で変換効率を1%改善する方が実用的意義は遥かに大きいが、その種の研究を大学の研究室単独で実施するのは難しい。一方、太陽光発電の研究は大学の研究室レベルでも比較的簡単に実施できる。実質的な社会貢献はほとんどなくても、学者は潤沢な研究費にありつける。

太陽光発電や風力発電などの不安定な電源が広がることは、別の研究分野の学者にとっても都合がいい面がある。電気を（実際には電気エネルギーを別の形に変換して）貯める技術の研究で潤沢な研究費にありつけるのである。蓄電池や燃料電池の研究がそれに該当する。

もちろん、こうした非合理的なことを続けていると、社会全体には歪みが蓄積する。今になって顕在化した深刻な自然破壊と電気料金の高騰がそれである。多くの日本人は、基本的に性善説を信じて生きている。だから、まさか学者までがウソをつくとは思っていない。その結果、国民はまんまと騙されたのである。

お人よしの日本人でも、政治家や官僚が善良であると信じている人はあまりいない。それは、自民党議員の裏金問題に象徴されるように、不祥事がしばしば明るみに出て大々的に報道されるからである。マスコミについても30年前は信じて疑わない人が多かったが、最近は世論も大きく変化した。ソーシャルネットワーキングサービス（SNS）の発達により、マスコミのウソを暴く情報が国民の間で広く共有されるようになったのがその理由である。それゆえ「マスゴミ」という言葉まで生まれた。その一方で、学者に対しては国民の信頼はまだ高い。その信頼を悪用すれば、国民を騙して間違った情報を信じ込ませることができる。

実は、再生可能エネルギー推進の世論操作と同じ方法は、新型コロナワクチンの推進においても使われた。そこで何が行われたかを知ることは、学者を巻き込んだプロパガンダの手法を分析する上で参考になる。

2024年3月17日、人気ユーチューバーのコヤッキー氏が衝撃の動画を公開し、広く拡散された。彼のメインチャンネル「コヤッキースタジオ」は登録者128万人を超えるが、その動画は「秘密結社コヤミナティ」（登録者24万人）で公開された。そこで彼は、新型コロナワクチンを推奨する動画を作る「案件」の依頼を受けた過去を明かしたのである。提示された謝礼額は一本で数百万円だったというが、彼はこのオファーを断ったと語っている。本当にいいものかどうか分からないものを勧めることはできないというのがその理由という。極めて真っ当な考えである。

人気ユーチューバーや「医クラ」と呼ばれるインフルエンサー医師たちには、不自然なほどのワクチン推しの発信をした人が少なくなかった。それゆえ、コヤッキーの告発のあと、彼らは「案件」としてお金をもらっていたのではないかという憶測がネット上で飛び交った。騒ぎの余韻が冷めやらぬうちに、ワクチン接種を盛んに勧めていたメンタリストDaiGo氏が「まだワクチンのことで騒いでる人のために、頭の悪い人に打つワクチンが必要だと思う。と言う言葉になんか納得した」とX（旧ツイッター）にポストし、火に油を注いだ。

ワクチン接種推奨の謝礼金の出所はどこか。多くの場合は、広告代理店から話が持ち掛けられるようである。厚生労働省の「新型コロナウイルス感染症のワクチンの情報提供に資するための国民の認識や意向に関する調査及び情報提供資材制作一式」という入札公告文書はネット上でも公開されている。この落札者は外資系広告代理店のターギス株式会社である。過去にはコロナ予備費のうち11兆円は使途不明との報道もあった。これらの一部が広告代理店経由でインフルエンサーたちに回った可能性は十分考えられる。

政府と製薬会社から流れたカネの行方

さらに、政府広報動画として政府からユーチューバーに直接金銭が支払われた例もあることが、神谷宗幣参議院議員の国会質問により明らかになった。神谷議員は2024年4月23日の参議院財政金融委員会で「政府がユーチューバーに費用を払って依頼していたのかという指摘があったので、先日厚労省にお聞きしたら厚労省としては予算をかけた広報はしていないと。政府全体として、このような施策が行われてきた事実があるのか」と質問した。これに対し、内閣府大臣官房の政府広報室長が「新型コロナウイルスワクチンについて、ワクチンの特徴や接種の重要性など、正しい情報を知ってもらうために、ユーチューバー等を起用した動画９本を作成し、合計で約３２００万円の支出をした」と答弁した。単純に３２００万円を９で割ると、１本あたり約３５５万円が支払われたことになる。

その後、その９本がどの動画であったかが明らかにされたが、うち３本はユーチューバーと医師のコラボ動画であった。１本は大阪大学の忽那賢志教授、１本は元国立感染症研究所研究員で厚生労働省医系技官の峰宗太郎研究員、もう１本は木下喬弘医師である。木下医師は「コロナウイルス専門家」の肩書きで動画に出演している。彼は元救急医で公衆衛生学を米国留学で学んだ経歴があるものの、コロナウイルスどころかウイルス学についても１本も論文を書いていない。にもかかわらず、なぜ政府は彼をコロナウイルス専門家として広報動画に出演させたのかは全くの不明である。

こうした政府主導の動きのほかに、製薬会社からの金銭の流れもある。製薬会社から医師たちに直接まわった金銭については、正確な金額を追う方法がある。特定非営利活動法人医療ガバナンス研究所は、製薬マネーデータベース「ＹＥＮ ＦＯＲ ＤＯＣＳ」において、製薬会社から医師個人や大学、病院などの研究施設に支払われた金額を誰もが検索して調べることができるようにしている。支払われた金銭は、Ａ項目（研究開発費等）、Ｂ項目（学術研究助成費）、Ｃ項目（講師謝金、原稿執筆料・監修料、コンサルティング等業務委託費）に分けて集計されている。

そこで、新型コロナワクチン接種を強力に勧めていた2人の医師について、同ワクチンのメーカーであるファイザーからどれだけの金銭を受け取っているか調べてみた。1人目は政府の広報動画にも出演していた大阪大学の忽那賢志教授、2人目は政府の新型コロナウイルス感染症対策分科会の構成員である東邦大学の舘田一博（たてだかずひろ）教授である。彼らがファイザーから受け取っていたのはいずれもC項目のみで、その金額は以下のとおりである（検索可能だった2016年から2021年のみを表示）。

忽那賢志医師

2020年　22万6864円
2019年　17万1297円
2018年　5万7276円
2017年　19万4739円
2016年　5万7276円

舘田一博医師
２０２１年　20万９１５９円
２０２０年　63万９２９０円
２０１９年　61万５７１８円
２０１８年　２８４万８５３５円
２０１７年　３０３万５６３９円
２０１６年　３２６万４７４４円

忽那医師が受け取った金額については、教授なのにこの程度の少額しかもらっていないのかと思う人もいるかもしれない。だが、忽那医師が大阪大学の教授に就任したのは２０２１年７月である。忽那医師が受け取った謝金等の総額は２０２０年の１８９万４９７３円から、教授に就任した２０２１年は４３３万３２６１円に跳ね上がっている。

専門性のある知識を提供したのであるから、高額の謝礼を受けても当然という意見もあるかもしれない。だが、ワクチンを推進してきた医師たちに、本当に学術的な意味で高額な謝礼に値する専門的知見を有していたと言えるだろうか。彼らがこれまで発信してきたことと言えば、ワクチンは安全で深刻な副反応の心配はない、2回接種で集団免疫ができる、接種すれば他人に感染させない（思いやりワクチン）、胎盤移行はなく妊婦が打っても心配ないといったことで、これらは最新の学術論文で全て科学的に間違いであったことが明らかになっている。にもかかわらず、彼らは自らの間違った発信に対して謝罪も訂正もしていない。こうした事実を考慮すれば、彼らが製薬会社から得た金銭は製薬会社に有利な発信をすることの報酬であったと考えるのが妥当であろう。

前述の通り舘田一博医師は政府の新型コロナウイルス感染症対策分科会のメンバーに名を連ねていた。ファイザーからこれだけ多額の金銭を受け取っていては、分科会で同社に不利になる発言をすることは難しい。完全に利益相反の状態である。であれば、分科会のメンバーになるのを辞退するのが筋である。ところが、彼はそうした常識的な判断をすることができなかった。

舘田医師はあれだけ積極的にコロナワクチン接種を勧めながら、自身は接種せず新型コロナに感染して重症化したことでも知られている。アレルギー体質で接種できなかったというのがその理由であるが、であれば接種を勧めるときにアレルギー体質の人は接種を控えるよう、もっと強調して発信すべきだったのではないか。それをしなかったのは、ファイザーから高額の金銭を受け取っていたからではないかと疑われても仕方がないだろう。そう疑われたくなければ、製薬会社から高額の金銭を受け取っている利益相反がある以上、表舞台で積極的に発言することは控えればよかったのである。

公的な立場にあるのに製薬会社から金銭を受け取っていて利益相反が疑われる人物として、ワクチン分科会副反応検討部会の森尾友宏部会長（東京医科歯科大学副学長）も注目に値する。彼は同部会においてワクチン接種の副反応は問題ないというスタンスでの発言を続けてきたが、同部会長就任後もワクチンを販売しているアストラゼネカ、モデルナ、武田薬品工業から金銭を受け取っていたことが明らかになっている。厚生労働省としては、受け取った金額が50万円以下ならば問題ないというルールにしているとのことだが、そのルールの妥当性には疑問が残る。常識的に考えて、ワクチンを販売する企業から一銭でももらったならば、ワクチンの副反応を公的に評価する資格はないはずだ。

日本とアメリカの巨大な利権構造

2024年5月13日現在、予防接種健康被害救済制度によって認定された新型コロナワクチンによる健康被害の総数は7230件、死亡は567件である。この数字は過去47年間の全ての定期接種ワクチンによる健康被害（総数3661件、死亡158件）を遥かに上回っている。にもかかわらず、ワクチン分科会副反応検討部会は、新型コロナワクチンの安全性には問題がないとの立場を崩さず、接種の推奨を継続している。

なぜ、厚生労働省はこうした利益相反のある人物を登用するのか。厚生労働省の役人にとって、製薬会社を優遇することにはうまみがある。それは天下りである。役人の天下り問題は、昔はマスコミも盛んに追及していた。民主党政権下では、当時の長妻昭厚生労働大臣の指示で調査が行われ、厚生労働省や国立病院機構に在職歴のあるOB29人が、国内の主要製薬会社15社に再就職していたとの調査結果が公表された。OBの数が最も多かったのは、いずれも外資系のファイザーとグラクソ・スミスクラインの4人であった。長妻大臣（当時）は、製薬企業への再就職の自粛を徹底するよう指示している。

ところが、最近は天下り問題はあまりマスコミで取り上げられなくなった。この変化の原因は何か。その背景にあると思われるのが、これまで天下り批判をしていた大手マスコミの人たちが、官僚から新たな天下りルートを提供されたことである。具体的には文部科学省が用意した大学の乱造による大学教員への天下りである。例えば、2016年に新設

図-1　米国医療産業複合体の構造

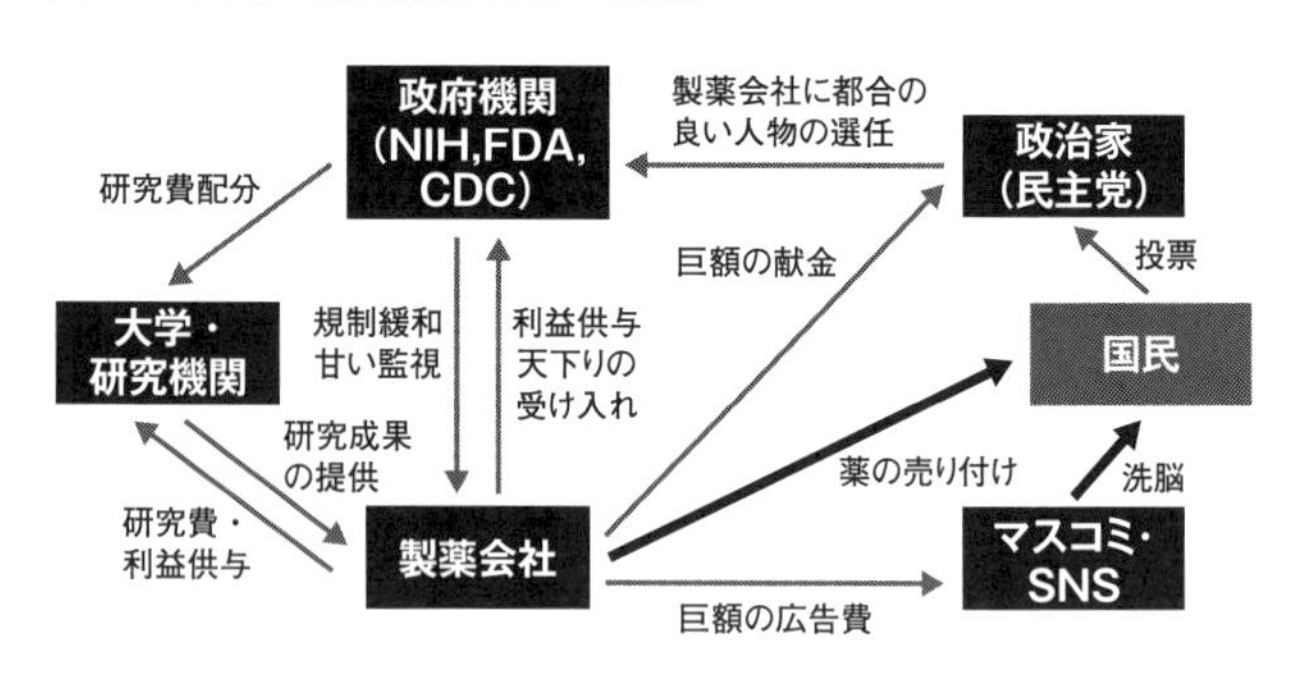

された国際医療福祉大学成田キャンパスの文系の教員はマスコミ出身者が多くを占めていた。それに貢献したのが前川喜平事務次官（当時）である。マスコミが前川氏の不祥事を取り上げず、退任後も彼を積極的に持ち上げるのはなぜか、よく分かるだろう。

こうした、大手企業、官僚、マスコミ、学者、政治家などが一体化した利権構造は、米国ではさらに進んでいる。メガファーマ、保健衛生行政機関、医師、生命科学者などが絡んだ利権構造は、医療産業複合体（Medical-Industrial Complex）と呼ばれている。その構造を**図-1**に示す。

大手製薬会社はマスコミやユーチューブなどの大手SNS企業に巨額の広告費を払う。マスコミは薬のCMを視聴者に繰り返し見せる。ユーチューブはワクチンに不都合な情報を検閲し、それに違反するチャンネルをバンする。また、大手製薬会社は政治家にも巨額の献金をばらまく。こういうお金を受けとるのはネオコン系の議員で、民主党の議員が中心となる。献金を受けた議員は、製薬会社に都合のいい人物を政治任用で保健衛生行政機関の高官に割り当てる。そうして選ばれた政府高官は、当然製薬会社にさまざまな便宜を図る。製薬会社に対する規制を緩和し、監督の目も甘くする。実際、ファイザーのワクチンの治験では、ポール・D・サッカーがデータの扱いの杜撰さを大手医学雑誌BMJに告発したが、監督官庁であるはずのFDA（食品医薬局）はその後もまともな調査をしていない。

そもそも、FDAやCDC（疾病予防管理センター）の長官は、退任後大手製薬会社に天下るのが常態化している。2002年から2009年までCDCの長官だったジュリー・ルイーズ・ガーバーディングは、退任後メルク社のワクチン部門統括責任者になった。2017年から2019年までFDAの長官だったスコット・ゴットリーブは退任後ファイザーの役員になっている。2019年から2021年までFDAの長官だったスティーブン・ハーンは退任後、モデルナを起業したベンチャーキャピタルのフラッグシップ・パイオニアリングに天下った。こうした大手製薬会社と政府保健機関の間の人事の往来のことは「回転扉」（revolving door）と揶揄されることもよくある。自分が将来天下る先の企業を優遇するようになるのに何の不思議もない。

図-2　日本の太陽光発電利権の構造

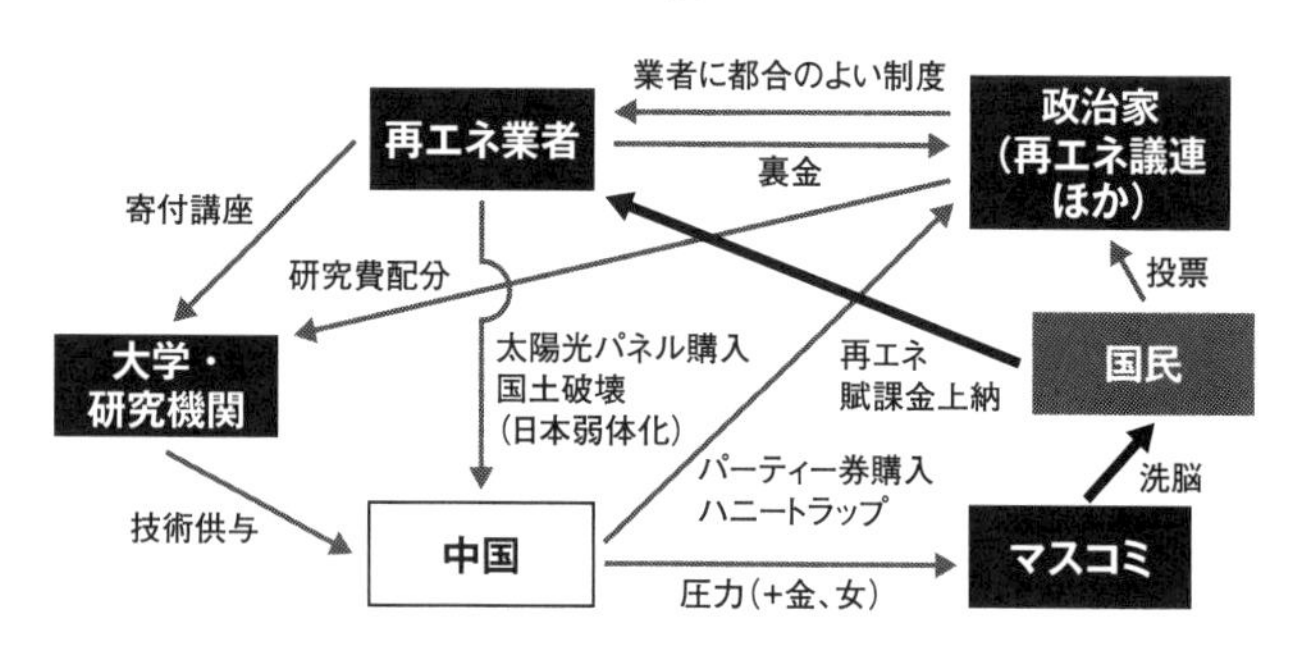

また、政府高官は研究機関との共同開発を通じて特許を取得していることも多いが、そうした特許の使用料が大手製薬会社から政府高官に入ってくることもある。実際、ＮＩＨ（国立衛生研究所）傘下のＮＩＡＩＤ（国立アレルギー・感染症研究所）所長だったアンソニー・ファウチは、製薬会社から多額の特許使用料を受けていたことも明らかになっている。ファウチは危険なウイルスを人工合成する機能獲得研究に積極的にＮＩＨの研究費を支給し、新型コロナウイルスの研究所起源説の火消しに貢献した研究者たちにも研究費を与えたことでも知られている。

こうした利権構造は、製薬企業以外にも、軍需産業や大手ＳＮＳ企業の周辺でも強固に構築されており、前者は軍需産業複合体（Military-Industrial Complex）、後者は検閲産業複合体（Censorship-Industrial Complex）と呼ばれている。これらを総称する言葉が、ディープステートである。日本では陰謀論扱いされるこの言葉は、英語圏では普通に使われている。日本の再エネ利権も、これに似た複合体をなしている。その利権構造を図2に示す。再エネ議連の政治家は利益供与を受け、再エネ業者に都合のよい政策を進める。その実態は、日本風力開発株式会社の塚脇正幸社長から洋上風力発電事業で同社が有利になるような国会質問をするよう依頼を受け、その見返りに総額約6000万円の借り入れや資金提供を受けた疑いで逮捕された秋本真利衆議院議員の例に見ることができる。

日本風力開発は、その子会社であるエネルギー戦略研究所が京都大学に寄付講座（京都大学大学院経済学研究科再生可能エネルギー経済学講座）を開設していたことでも知られる。エネルギー戦略研究所株式会社取締役研究部長の安田陽特任教授は、京都大学の名前を使って非科学的ともいえる風力発電推しの発言を繰り返した。なお、同講座の特定講師と特定助教はいずれも中国人であり、中国との関係の深さをうかがわせる。

中国と河野太郎の危険性

再エネ利権を語る上で、中国の存在を抜きにすることはできない。国会議員は外国人から政治献金を受けることはできないが、その裏口としてパーティー券を購入してもらう手がある。実際、自民党の議員が中国人に多額のパーティー券を購入してもらっていることが明らかになっている。

中国の最終目標は日本を侵略することである。であるから、日本をできるだけ弱体化したい。日本で再エネの導入が進めば、日本が弱体化することを中国は熟知している。電気料金が高騰すれば製造業は衰退し、産業は空洞化する。電力供給が不安定化すれば、軍事力も低下する。河野太郎が防衛大臣のとき、自衛隊施設における再エネ利用推進を決定したが、これが進めば人民解放軍が自衛隊を打ち破ることは極めて容易になる。

河野太郎は大陸と日本を結んだ電力供給網（アジアスーパーグリッド）を構想していた。天候に左右される太陽光発電や風力発電を日本が主力電源にして、不足分は大陸から補う状態を作ればどうなるか。中国は風のない夜間に電力供給を止めて、そのタイミングで日本を攻撃すれば、自衛隊を一瞬にして打ち破ることができる。人民解放軍にとってこれほどおいしい話はない。

医療産業複合体と日本の再エネ利権複合体を比較すると、前者は全てのステークホルダーが金目当てで動いている一方、後者は日本の軍事侵略を目指す中国という別のプレーヤーが関与している点で違いはあるものの、その全体構造は驚くほど似ていることがよく分かるだろう。

いずれにおいても、表向きには「人の命を守るため」「地球を守るため」といった美しいお題目が掲げられるが、それは国民を騙すためのスローガンであって、実際は政府もマスコミも企業もカネのために動いている。その表向きのスローガンとは逆に、自らの活動によって人々の健康が損なわれても、大規模な自然破壊が行われても何とも思わない人間たちが蔓延っている。

利権で潤う人間たちがいる一方で、そのつけを全て払わされるのは一般国民である。安全性も効果も低いワクチンを政府やメディアによる世論操作に騙されて打ち続けた。他国はそれに気づいて概ね3回で接種を止めたが、日本は6回、7回とブースター接種を続けた。再エネについても、国民は高い電気料金を払わされる羽目になった。

実は、日本の医療産業複合体と再エネ利権複合体の両方に登場するキープレイヤーが一人いる。それは河野太郎である。再エネ利権における彼の役割については既に述べたが、コロナワクチンについても彼は担当大臣としてその推進に深く関わった。彼は政府のワクチン接種推進動画にも、ユーチューバーのはじめ社長と一緒に出演している。

河野太郎はワクチン接種を推進する過程で「責任は全部、河野太郎にございます」と豪語した。ところが、ワクチン接種後の深刻な副反応が次々報告されるに至り、自分は単なる「運び屋」であり、「ワクチンの効果や安全性などは厚労省の有識者による審議会で確認をして、承認をします。それには私は関わっておりません」と言って責任から逃げている。

河野太郎が政治家として最も酷いのは、コロナワクチン接種により家族を亡くしたり、自らが後遺症に苦しんでいる人たちをX（旧ツイッター）で次々ブロックしていることである。これはとても人間の所業とは思えない。

ワクチン被害者に対しては、医療従事者からも酷い誹謗中傷が繰り返された。たとえば、須田睦子さんは30代の夫がコロナワクチン接種後に体調が急変して3日後に死亡し、司法解剖後に包帯でぐるぐる巻きになって帰ってきたとツイートした。それに対して、女性医師や臨床検査技師らが、そんな司法解剖はない、ワクチンを貶めるためのデマだと次々に投稿した。後に須田睦子さんの発言は真実だと分かった。彼女は3人の子持ちで当時4人目を妊娠中だった。現在は、ワクチン被害を訴える活動をしているが、その彼女も河野太郎にブロックされている。

ワクチン推進の人間と再エネ推進の人間に共通するのは、その攻撃性である。自分たちのやっていることは正義だという姿勢で臨むので、実際に被害を受けた人に対する思いやりの気持ちは一切示さない。そうした犠牲は全て正義を推し進めるために必要なものだと捉える。だから、その犠牲があるという情報自体を抹殺して葬り去ろうとするのである。そのことは、河野太郎のブロックや、須田睦子さんを誹謗中傷した医療従事者の姿勢に顕著に表れている。

ワクチン推進運動と再エネ推進運動のもう一つの共通点は、とても専門家とは思えない人が、専門家の肩書きで登場して政府の広報活動を担っていることである。前述のとおりコロナワクチンについては、ウイルスに関する専門知識が全くない木下喬弘医師が「コロナウイルス専門家」の肩書きで政府広報動画に登場した。再エネ推進でこれと同じ役割を果たしたのが自然エネルギー財団事業局長の大林ミカ氏である。彼女は内閣府の再生可能エネルギー等に関する規制等の総点検タスクフォース構成員であったが、そこで中国国営の送配電事業者である国家電網の電子透かしが入った資料を提出したことが大きな話題になった。彼女は記者会見で、そのタスクフォースに入ったのは河野太郎の推薦だったと語っているが、彼女はエネルギー問題に関して専門的な教育を受けたり研究をしたりした経歴はない。なぜ専門知識を欠く活動家を政府のタスクフォースの構成員に推薦したか、河野太郎には説明責任が問われて然るべきである。

学者のウソが国民を苦しめる

もちろん、本当の専門家であっても、利権が絡むと平気でウソをつくのが今の世の中である。再エネの限界は高校レベルの理科の知識でも簡単に理解できることは冒頭で述べたとおりである。それでも研究費が貰えて論文が書けるなら、平気にウソをつくのが今の学者である。国民の多くも、まさか大学の先生が理系の高校生でも分かるウソをつくとは思わないのだろう。

しかし、少し頭を使って考えれば、学者という人種が全く信用に値しないことには容易に気づけるはずだ。そもそも学者になる人は、政治家、官僚、マスコミで働く人たちと同様、偏差値の高い進学校、一流大学で一緒に机を並べて勉強した人たちである。同じ環境で同じように育った人たちの中で、なぜ学者だけが優れた人格をもちうるのか。その人間性は基本的に同じと考えてよい。

さらに言えば、これらのエリート職種のうち、最もウソつきなのが学者である。政治家は選挙で禊を受ける。だから、あまりにウソを言い続けると選挙に負けてタダの人に転落する。2009年に選挙で大勝して政権の座についた民主党も、3年後には選挙で大敗して多くの議員はその地位を失った。マスコミもあまりに酷い報道を続けると、購読数や視聴率に影響する。だが、学者に対してはそういうチェック機構が働かない。さらに、学者は発言内容が専門的で難しいので、ウソをついてもなかなかバレない。だから味をしめて、さらに大きなウソをつく。それが今の学者である。

ところが、多くの国民は象牙の塔に籠った真理の探究者という一時代前のイメージを学者に対してまだ抱いている。実際には、中世キリスト教の聖職者と同じかそれ以上に退廃が進んでいるのである。今の学者は免罪符を売りさばいて儲けた聖職者たちと何ら変わりはない。ウソの技術を語ってカネを引き出す錬金術にどっぷり浸ってしまっているのである。

今の学術界に必要なのは、マルティン・ルターでありジャン・カルヴァンである。残念ながら、この日本にその役割を担えそうな人物はいない。学者たちが「マスゴミ」以上に腐敗した人間の集まりであることに、国民は早く気づかねばならない。さもなくば、今後も利権をもつ者ばかりが潤い、国民生活はますます困窮していくことになるだろう。

温暖化の影響を誇張して伝える偏向メディアによる印象操作の実態

小島正美（ジャーナリスト・元毎日新聞編集委員）

偏ったメディアが偏った世論を形成

それにしても、なぜ、来る日も来る日も「脱二酸化炭素」の合唱が全国に響きわたるのか。言論統制のあった戦前のファシズムじゃあるまいし、摩訶不思議としか言いようのない怪奇現象だ。そういう不気味な一色世論をつくった犯人はだれなのだろうか。

私は2020年まで東京理科大学で授業を持っていた。毎年、学生たち（主に1、2年）に「地球温暖化の要因は何か」を聞いた。約8割の学生は「二酸化炭素」と答えた。続けて「二酸化炭素以外の要因は何か？」と聞くと、「森林破壊」や「メタン」という回答はあったものの、大半が「他の要因は思いつかない」だった。理系科目が得意の学生だから、そこそこ理科知識はあるはずだが、CO_2しか浮かばない。「太陽」があるでしょうと言うと、みな「そうか」という顔をした。

このことが気になって、同僚（毎日新聞）の生活系と社会部系記者、そして知人に「地球温暖化の原因は何か？」と尋ねると、ほぼ全員が「二酸化炭素」と答えた。「それ以外に思いつく要因はないか」と聞いても、だれも「思いつかない」だった。理科大学の学生と同じ反応だった。狭い範囲の経験に過ぎないが、おそらく大半の人がそうなのだろう。

公益財団法人「旭硝子財団」が日本と世界24カ国の計1万3500人を対象に実施した第4回「生活者の環境危機意識調査」（2023年9月公表）によると、自国内の環境問題で危機的だと思う項目の1位は「気候変動」（世界各地の異常気象・異常気温を懸念）だった。やはり世界中の人たちは二酸化炭素が地球温暖化や気候変動を引き起こしていると考えているようだ。

いうまでもなく、温暖化（もしくは寒冷化）の要因は、CO_2のほかに、太陽活動を筆頭に、雲、水蒸気、宇宙線、北極の海氷（太陽光の反射に影響）、地磁気、地球の軌道、偏西風、海流の変動（エルニーニョ現象など）、都市化（ヒートアイランド）、牛や羊などの家畜（ゲップによるメタン発生）、水田（メタン発生）、森林破壊、砂漠化などさまざまな要因がある。化石燃料由来の二酸化炭素はそうした数多くの要因のひとつに過ぎない。

これだけの要因がありながら、大半の人が「二酸化炭素以外に思いつかない」と答えるのはなぜだろうか。それは日々接している各種メディアからの情報が二酸化炭素一色だからだ。そのうえ、温暖化が原因という解説付きで台風、干ばつ、洪水、熱波、山林火災などの異常気象が激増しているという映像を毎日のように見せつけられる。

新聞やテレビが過去の災害の統計数字を見せながら、「台風や山林火災などは昔と比べて、特に増えていない。太陽活動の変動などによって地球は周期的に温暖化と寒冷化を繰り返してきました」という真っ当なニュースを見たことはない。これでは二酸化炭素しか頭に浮かばないのも無理はない。多くの記者は「地球温暖化の主因は人為的な二酸化炭素である」という説を疑おうともしない。

元凶はＮＨＫの科学報道

では、報道機関の中でも地球温暖化によるバイアス情報を最も流している最強の犯人はだれだろうか。

公共放送を担う特殊法人のＮＨＫ（総務省所管）だ。一般にＮＨＫスペシャルや「ダーウィンが来た！」といった科学番組なら、たいていの人はその内容をそのまま信じてしまうだろう。だが、だまされてはいけない。

ＮＨＫの扇動手法はいつも決まったパターンなのを覚えておこう。悲劇的で特殊な事例（エピソード）を大きく取り上げて、それが地球温暖化によって起きたという演出である。その典型的な例が、過酷な運命を生きるホッキョクグマのけなげな姿を見せ、二酸化炭素を減らさないとホッキョクグマが絶滅するという物語である。２０２０年11月に放映された「ホッキョクグマ母子６００㎞の危険な旅」をたまたま見ていた。地球温暖化で進む北極の海氷面積の減少がホッキョクグマの親子に過酷な運命をもたらしている。母が授乳しながら子とともに危険な旅を続けるというストーリーだ。ナレーションではホッキョクグマは絶滅に瀕していると訴える。このホッキョクグマの悲劇的な話は手を変え品を変え、何度となくＮＨＫの番組に登場する。

ちょっと地球の長い長い歴史を想像してみてほしい。約46億年の地球の過去を見れば、いまよりも温暖化が進んでいた時期が何度もあった。地球はおよそ10万年周期で寒暖を繰り返してきた。最近では約7000年前の縄文時代は温暖化がいまよりも進み、平安時代（中世温暖期）にも温かい時期があった。まだ化石燃料を一切使っていないときのことだ。つまり、地球は太陽をはじめとする様々な要因で自然に寒暖を繰り返してきたのだ。

そういう過酷な地球の歴史を生き延びて、ホッキョクグマはいまも存在している。ホッキョクグマは氷の上だけに住んでいるわけではない。氷がなくなれば陸地に移動して生き延びる。そういう歴史的な経過を解説しながら、現在のホッキョクグマを映像で追うならば、上出来のドキュメントになるだろうが、ホッキョクグマの一親子の過酷な旅を見せたところで、それが温暖化や二酸化炭素の増加とどう関係するというのか。

皮肉を込めて言えば、温暖化になっても、生き延びたホッキョクグマが多数いたからこそ、いまもホッキョクグマが存在しているのである。過酷なクマの旅よりも、生き延びたたくましいクマこそを描くべきだろう。

巧妙なトリックにだまされるな！

ＮＨＫの演出（実はＮＨＫに限らないが…）は人を惑わせるトリックである。例を挙げよう。たとえば、100万人にワクチンを接種すれば、数人くらいは必ず副作用（副反応）が発生する。ワクチンによって副作用の度合いは異なる（新型コロナワクチンは従来のワクチンよりも副作用が多そうだ）ものの、副作用に苦しむ人だけを取材してニュースを流せば、ワクチンは悪魔的な悲劇に見えるはずだ。子宮頸がんなどを予防するHPV（ヒトパピローマウイルス）ワクチンに関する報道では、実際に大半のメディアが負の側面ばかりを報じたことでワクチンのイメージが極めて悪くなった。

これと同じことは地球温暖化とホッキョクグマにも言える。ホッキョクグマはいまより温暖化が進んでいた時代を生き延びてきたのだから、温暖化くらいで絶滅することはないだろう。実際にホッキョクグマの数は1960年代（1万頭前後）から現在は4万頭前後に増えている（進化生物学者のスーザン・クロックフォード博士の研究調査）。

ところが、NHKはホッキョクグマが増えているのに、あえて極めて悲劇的なホッキョクグマを取り上げて、地球温暖化による影響だと勝手に決めつけて番組をつくる。これは一種のトリック映像である。

この種の番組を見るときは、統計的な事実をしっかりと伝えているかどうかを必ず確認しながら見るとよいだろう。

桑子さんが見た出来事はいつの世もあった！

2023年11月27日に放映されたNHKの番組「桑子が見つめた〝気候変動〟の現場」もこの手法にのっとったレポートだった。桑子とは「クローズアップ現代」という番組のキャスターを務めている優秀な桑子真帆さんのことだ。桑子さんはギリシャで起きた森林火災の現場に行く。そして火災で焼けた畜舎や死んだ家畜の骨をクローズアップする。悲惨さを強調するシーンはホッキョクグマと同じだ。次いで砂漠化が進むアフリカのセネガルの小さな村（人口900人）へ行く。農業ができないため、故郷を捨ててスペインへ向かった青年が船で衰弱死する話が出てくる。これもホッキョクグマと似た展開だ。たとえ砂漠化が進んでも、小さな農村の貧困は温暖化の有無にかかわらず、経済的な振興で解決できる。貧困は経済的な問題だからだ。こういう貧困の例なら、地球が寒冷化した時代でもいくらでも見つけられるだろう。個別の現象をいくら並べたてても、それが温暖化によって生じたかどうかは分からないのに、である。

私が小・中・高校生活を送った1950年代～1970年代を振り返ってみよう。あのころは化石燃料の消費に伴って二酸化炭素が勢いよく増えていたのに地球の気温は下がっていった。地球の寒冷化を悲劇的に描く本がベストセラーになっていた。いまでは信じられそうもないことが起こっていたのだ。そして、１９５０年代～60年代はいまよりも強大な台風が次々に日本列島を襲っていた。私の家（愛知県犬山市）は伊勢湾台風（１９５９年、死者行方不明５０００人以上）で傾き、被災者となった。家の修復費用を父が借金したため、家計が苦しくなり、私は小学5年生から新聞配達を始めた。

そういう過去があっても、どのメディアも、山林火災、台風、干ばつ、大洪水、サンゴ礁の減少、夏の異常高温など異常な現象ばかりを追い、二酸化炭素の増加による地球温暖化の影響だと叫ぶ。ワクチンのバイアス報道と同じである。

「気象」と「気候」は異なる概念

新聞の記事を見ていると、何か少しでも異常な現象が起きるとすべて温暖化とむすびつけてニュースにしていることが分かる。「気象と気候は違う」ことに気づくだけでも、そうした短絡的な報道は防げるはずだ。気象は1日から数年単位で変化が起きる短期的な現象なのに対し、気候は数十年単位の気象を平均化した現象だ。記事によく出てくる「サンゴが減った」「イネの育ちが悪い」「果物の色づきが悪い」「サンマが減った」などの現象は、一時的な気象変化に伴う現象である可能性が高い。しかし、ニュースは根拠なく、長期の気候変動と関係しているかのように報じる。これでは読者がだまされるのも無理はない。

日本や世界の過去の歴史を振り返ってみるとよい。温暖化が声高に叫ばれ始めた1980年代以前にも異常気象は頻発していた。気候変動の歴史的変遷に詳しい田家康氏が著した『気候で読み解く日本の歴史』や『異常気象で読み解く現代史』など一連の書物を読めば、NHKの桑子さんがレポートした自然災害や貧窮ぶりは産業革命が始まる19世紀以前にも数えきれないほど存在したことが分かる。

もちろん、それらの異常気象や災害は化石燃料の消費とは無関係に生じたものだ。寒冷化を迎えた鎌倉時代には日照りと大雨の極端な現象が相次ぎ、飢饉や疫病が全土を覆っていた。人類の長い歴史を見れば、温暖化よりも寒冷化のほうが食料不足を招くなど、はるかに深刻である。こういう歴史的な事実を織り交ぜながら、統計的な数字も交えて、現代の惨状を報告するのがすぐれたレポートであろう。

ワクチン接種と副作用の因果関係を知ろうとした場合、偏ったサンプルを選んで調べても因果関係は絶対に分からない。いくら個別的な現象を並べても、偏ったサンプルを選ぶ限り、因果関係を突き止めることはできない。少数の極端なエピソードを見せて、あたかも真実かのような全体像を連想させるＮＨＫ的ドキュメント番組を見るときは、常に「その個別の現象は適切なサンプルなのか」を冷静に考えることが必要だ。

「気候危機」は存在しないという映画

ここでちょっとＮＨＫの報道とは真逆の映画を紹介しよう。オランダを拠点とする政治団体「クリンテル」（The Climate Intelligence Foundation=CLINTEL）が製作した映画「Climate: The Movie（The Cold Truth）」（約80分）だ。「クリンテル」は地球物理学者とジャーナリストが２０１９年に設立した団体だが、同年、「気候危機（気候の非常事態）は存在しない」というメッセージをアントニオ・グテーレス国連事務総長に送っている。

そのメッセージに象徴されるように、この映画は「気候変動問題はもはや国の公的資金や民間企業、科学者を主とする知的階層を巻き込んだ気候変動ビジネス（気候変動だと研究予算もつきやすい）となっており、気候危機の恐怖を煽ることでその存在感を高めている」と訴える。

映画の脚本を書き、監督を務めた英国のマーティン・ダーキン氏は2007年にドキュメント「地球温暖化詐欺」を製作した。今度の映画はその続編である。日本語字幕付きもあり、だれでもユーチューブで見ることができる。映画にはノーベル物理学賞を受賞したジョン・クラウザー博士など著名な科学者が7人登場する。映画の中で科学者は次のように主張する。

「温暖化の要因は自然的要因と人為的要因の両方がある。過去の歴史を見れば、CO_2が増えても気温が下がった時期がある。気温の上昇は産業革命の前から起きており、気温が上がったのはCO_2のせいではなく、気温が上がったからCO_2が増えたのだ。CO_2の濃度が高いほうが生物の多様性は豊かになる。ハリケーンや干ばつ、熱波、山林火災などの異常気象が増えていることを証拠づけるエビデンスはない」などなど。

これらの情報は普段の新聞やテレビではまず得られない情報だ。そもそも、こういう情報は既存のメディアからは無視される。サンゴ礁が豪州で増えているという研究報告があっても、今のメディアはニュースにしない。そもそも、この映画に登場するような科学者たちがいること自体がほとんど知られていない。既存メディアが取り上げないからだ。

映画に登場する科学者はいずれも著名人ばかりで、科学的な観点から気候危機を否定している。

たとえば、同映画には米国を代表する科学者の一人であるスティーブン・クーニン氏（カリフォルニア工科大学元副学長）も登場する。クーニン氏は２０２２年に『気候変動の真実』（日経ＢＰ）を著した。本の中でクーニン氏は「台風や熱波などの災害が激甚化している事実はない」「グリーンランドの氷床縮小は80年間変わっていない」「コンピューターのモデル予測には、研究者の恣意的な要素が働いており、科学的な予測のレベルに達していない」などと主張している。クーニン氏は決して異端派の学者ではない。コンピューターモデルの計算にも通じ、米国民主党のオバマ政権では科学次官として気候研究プログラムにも従事したごくまっとうな科学者である。こういう科学者が「温暖化の科学はまだ決着していない」と訴えているのだ。日本の記者たちはこういう本を読んでから取材にのぞむべきだろう。

そういう意味でこの映画を見る価値はある。危機だけを煽るＮＨＫの番組と見比べて鑑賞するのも一興だろう。ただ政治色の強い団体がからむ映画だけに、冷静に見る必要はある。要するに気候変動問題は多角的な視点で考える問題であり、CO_2だけを目の敵にするテーマではないということだ。

COP28の報道は「ほぼ誤報」だった！

ＮＨＫをはじめとするニュースや番組の偏り（バイアス）や演出は、新聞の国際報道でもしばしば見られる。

具体的な例を挙げよう。２０２３年12月、中東のドバイで国連気候変動枠組み条約第28回締約国会議（ＣＯＰ28）が開かれた。その最終日、各メディアは足並みをそろえて「化石燃料からの脱却で合意」と華々しく報じた。だが、この報道について、堀井伸浩・九州大学大学院経済学研究院准教授は「ほぼ誤報である」と月刊誌「エネルギーレビュー」（２０２４年4月号のコラム「一刀両断」）で指摘した。新聞各社が一斉に誤報を流したとなれば、にわかには信じがたいかもしれないが、実際はどうなのか。

各紙の見出しを見ると「『化石燃料からの脱却』合意」（朝日新聞）とか「『化石燃料脱却』初明記」（産経新聞）など、化石燃料からの「脱却」という言葉が出てくる。いかにも近い将来には化石燃料を廃止するというニュアンスが伝わってくる。

ところが、国立環境研究所のホームページを見て驚愕した。その合意内容について、以下のような解説があった。

「今回の合意は、COP26（2021年）のグラスゴー合意にある「段階的削減」（phase down）でも、今回、事前に期待された「段階的廃止」（phase out）という文言でもなく、「脱却」（transition away）という表現で合意しました。合意に至るまでに数回出された議長案は、記載ぶりの振れ幅が大きく、最も消極的なものでは、化石燃料の消費と生産の削減を各国が選ぶことができるといったようなものまであり、小島嶼国の代表が涙を流しながら失望の意を表明する場面もありました。最終的に合意した化石燃料からの「脱却」という表現は、冒頭に示した気候変動枠組条約事務局長の言葉にもある通り、当初期待された「段階的廃止」よりも弱いものであるため、これに対する批判も聞かれます」（久保田泉氏執筆）。

「脱却」は廃止という意味ではないことが分かる。

次いで、外務省のホームページも見た。交渉の概要をいくら読んでも「化石燃料から脱却」という表現はどこにも出てこない。さらに国際連合広報センターのホームページを見ると、トップの大見出しは「化石燃料からの『脱却』を呼びかけて閉幕」（12月26日付リリース）とある。脱却を呼びかけて終わっただけであり、脱却で合意したという表現はない。本文を読むと、「COPとしては初めて「化石燃料からの脱却」に向けたロードマップを承認しました。しかし、長く求められてきた石油、石炭、ガスの『段階的廃止』を合意に盛り込むまでには至りませんでした」とある。

これで公的機関の解説と新聞の内容にはかなりの隔たりがあることがようやく分かった。日本語で「脱却」と聞けば、「化石燃料をやめる」「廃止する」という意味で理解する人が多いのではないか。私も「廃止」だと理解していた。しかし、今回の合意は、英語の「phase down」（段階的削減）でもなく、「段階的廃止」「phase out」（段階的廃止）でもない。あくまで「transition away」（これを脱却と訳すかどうか議論になりそう）という言葉であり、廃止という意味ではない。「transition away」を辞書で調べると、和訳は「移行」「遷移」「変遷」「推移」「変化」とある。脱却と訳した例は出てこなかった。

やはり「脱却」という言葉はミスリードだ。これら一連の新聞報道については、本書の著者でもある杉山大志氏、藤枝一也氏、有馬純氏も「印象操作」か「フェイクまがい」と断じている。あれっと思ったのは、毎日新聞の岡田英記者が書いた「記者の目」（2023年12月22日）を読んだときのことだ。伊藤信太郎環境相は合意後の記者会見で合意内容を脱却よりも弱い「移行」と表現したと書いているではないか。それならば、「政府は『移行』と言ったが、我々の認識は『脱却』だ」と英語の表記を入れて書き分けるべきだろう。国と国が交渉する国際的な外交問題を記事にする場合は、まず政府が何を言ったのかを正しく報じ、そのうえで新聞社の独自の論説を載せるほうが読者にとっては正確な情報が届くことになる。

同様のミスリード記事は、2023年4月に札幌市で開かれた先進7カ国（G7）気候・エネルギー・環境相会合でも見られた。大半の新聞の見出しは「化石燃料『廃止を加速』」（朝日新聞）や「天然ガス段階的廃止合意」（日本経済新聞）などだったが、読売新聞は「脱炭素『多様な道筋で実現』」（4月16日）と「化石燃料　段階的に廃止」（4月17日）の2つの見出しが見られた。その道の専門家に聞いたところ、「天然ガスについては投資の重要性を指摘したのであり、日本経済新聞の記事は誤報に近い。多様な道筋で合意したのが正しい」と解説してくれた。

こういう例を見ていると、新聞を読むときはやはり専門家の解説が必要だとつくづく感じる。ついでに言えば、新聞は外交問題を報じるときは英語の原文も併せて明記すべきだ。英語で書かれていれば、どんな和訳になろうとも本当の意味が理解できるからだ。今後、新聞で国際的な合意事項に関する記事を読むときは、関係する省庁や公的機関のホームページで確認することを怠ってはいけない。

西欧に追随する日本は破滅の道へ!

脱石炭火力問題を報じるニュースでも偏りを感じることが多い。結論を先に言えば、日本の新聞、テレビの論調はあまりにも西欧追随型だという偏りである。

「みんなちがってみんないい」。

童謡詩人、金子みすゞ(1903~1930年)が作った「私と小鳥と鈴と」に出てくる有名な一節だ。脱石炭火力問題を考えるうえで大事なのは、この一節である。子育てや人材育成にかかわる人なら、だれしも「そうだ」「そうだ」とうなずくはずだ。このことを国のエネルギー政策に置き換えてみると、それぞれの国がそれぞれの地政学的な特徴や条件に応じて、自国の利益にかなうエネルギーの組み合わせ(ベストミックス)を選択すればよいという考えに通じる。おそらく大半の人は同意するだろう。

現に、フランス、ドイツ、英国、米国、中国、ロシアのどの国も、自国の利益を目的に

「みんながってみんないい」を実践している。電源構成に占める石炭火力の割合を見ると、日本が約30％なのに対し、英国は2％、フランスは1％、スウェーデンに至ってはゼロ％である。ドイツと米国は約2割と高いが、中国とインドは約60％台ともっと高い。国ごとにこれだけ大きな差があれば、同じルールを一律に押し付けるほうが非合理なのは小学生でも分かるはずだ。

確かに石炭火力が少ない英国（2021年のCOP26の議長国）なら、石炭を全廃しても自国産業に大きな打撃はないだろう。だから「石炭をやめよう」と提案した。気候危機を声高に叫ぶ環境活動家のグレタ・トゥンベリーさんの住むスウェーデンは、原子力と再生可能エネルギー（水力など）だけでほぼ100％の電力を賄っている。化石燃料事業がなくなっても、さして困らない。そういう事情にもかかわらず、日本の新聞の多くはグレタさんの「化石燃料事業が環境を破壊し、人々の命を危機にさらしている」という現実軽視のコメントを嬉々として載せる。

日本にとっては石炭火力が今後も安くて安定した電力源であることはいうまでもないが、日本の新聞は「日本はめまぐるしく動く脱炭素の議論で後手に回り、存在感が薄れている」（2021年11月8日付日本経済新聞）といった論調が多く、西欧目線で日本を批判するおなじみの「日本遅れてる論」が主流である。新聞社の中でも読売新聞と産経新聞は他紙とやや異なり、日本の姿勢を貶めるような論調は少ないものの、多くのメディアは、石炭火力を手放そうとしない日本を「世界の潮流とかけ離れた国」または「悪い国」と断じている。

資源のない日本の特殊なエネルギー事情を西欧に紹介し、高性能の石炭火力発電所を有する日本独自の戦略を西欧の人たちに理解してもらうのも、日本のメディアの役割だと思うが、そういう気概は全く感じられない。総じて日本の新聞やテレビは、国民の生活や命を支えている日本の自動車産業やエネルギー産業が危機的な状況になろうとしていることに冷淡である。西欧が「世界のため、地球のため」と称しながら、実は西欧の利益のために動いていることをもっと知るべきだろう。

その典型がドイツの自動車大手、フォルクスワーゲンである。2015年に発覚したディーゼル排気ガスの不正問題で窮地に追い込まれたため、ディーゼルエンジンに見切りをつけ、ＥＶ（電気自動車）の推進に舵を切った。ディーゼルエンジンではハイブリッド「プリウス」を擁するトヨタに勝てないとみて、自社の生き残り策としてＥＶに飛び付いた。決して地球のためではない。自社の利益のためだ。

このように各国は自国の利益に沿ったエネルギー政策を展開している。にもかかわらず、日本の大手金融機関は石炭など化石燃料事業への融資を廃止する動きを見せている。由々しき事態だ。この化石燃料事業には天然ガスも含まれる。化石燃料事業への融資が止まれば、今後、化石燃料の開発・採掘はますます難しくなる。安定したエネルギーの確保には化石燃料、原子力、再生可能エネルギー（水力、太陽光、風力、バイオマスなど）の分散確保が欠かせない。日本の新聞にはそういう危機感覚がまるでない。

話はややそれるが、こういう気候変動に関する西欧追随型新聞報道の偏りの背景には、「反原発」や「気候正義」などを是とする新聞社の社風も関係していそうだ。私が毎日新聞の記者時代、地球温暖化とCO_2説について懐疑的な地球物理学者の丸山茂徳さんの著書『「地球温暖化」論に騙されるな！』（講談社）を紹介する記事を出稿したら、担当デスクから「こんな話は信じられない。ちょっと預かるよ」と言われ、一時預かりとなった経験がある。最終的には別の科学系デスクにお願いして掲載されたものの、似た経験は遺伝子組み換え作物の記事でも何度か体験した。社風に合わない記事は載りにくい。

また、その時々の時代の支配的空気に合わない記事も載りにくい。逆に時代の空気に合致すると「農薬で自閉症」といった根拠のない話でも記事になりやすい。

気候変動では産官学メディアが一体化

結論に入ろう。いまや気候変動問題に関する言論空間は、政府、企業（大手銀行や大手流通事業者、原子力関連企業も含む）、自治体、学者、政治家、全国の生協、環境保護団体、そしてメディアが横一線に並んで手をつなぐ異様な光景である。地球温暖化ビジネスの利益共同体と形容してもよいだろう。その反対側にいるのは、メディアから冷視される一部の科学者集団と産経新聞の一部記者だけである。

あの読売新聞ですら、「地球規模の温暖化問題に国境はない。世界が一致団結して取り組める安定した環境が望まれる。日本では地方自治体や企業とも協力し、温暖化に強い社会を目指すことが重要だ」（2022年3月2日付社説）と社説で訴える。こと気候変動や温暖化問題では、何かと対極にいる朝日新聞と大差はない。まさに未経験の言論空間の出現である。

ちょっと昔の話（2009年）になるが、メディアにたびたび登場し、気候危機を訴える江守正多氏（国立環境研究所）をはじめとする10人の科学者が「地球温暖化懐疑論批判」を叢書シリーズのひとつとして刊行した。懐疑論を批判する勇気ある行動かと思いきや、文部科学省科学技術振興調整費を利用した事業だった。気候危機がある限り、国の予算を当てにでき、学者の研究は安泰である。

名著としてお勧めしたい『「自然との共生」というウソ』（祥伝社）を著した高橋敬一氏（元農林水産省の研究所研究員）は地球温暖化問題に触れ、同書を刊行した２００９年の時点で早くも次のように鋭く指摘していた。

「地球温暖化騒動がここまで大きくなった真の原因は、それによって生じる危機があまりにも大きいからというよりも、この騒動によって大きな利益を得る者たちが存在しているからだ。（中略）地球温暖化においても、腹を痛めずに最も大きな利益を得るのは科学者たちだ。彼らは今や地球上の一大勢力であり、新しい予言者たちでもある。（中略）地球温暖化という大がかりな演出によって誘導される不安が助長して大規模に動き始めると、もはや誰にもそれを止めることはできなくなる」。

全く同感だ。本来、新聞記者は、権力や権威にあえて異議を唱え、全体主義的な空気に対して警告を発するのが使命のはずだ。この原点を自覚する記者は出てくるのだろうか。

第五章

日本人を脅かす危機

再生可能エネルギー事業を推進する〝製造強国・中国〟の黒い実態

平井宏治（経済安全保障アナリスト）

「経済安全保障」とは、世界情勢の不安定さや地政学的なリスクによって自国がこうむる経済的損害を最小限に抑えることである。自由で開かれた「民主主義国家」と、独裁者が統治する「権威主義国家」との覇権争いが先鋭化する近年、この経済安全保障に注目が集まっている。

経済安全保障面において見逃せないのが、国家資本主義の国、中国だ。中国は、後述する双循環戦略と産業政策「中国製造２０４９」に基づき電気自動車、太陽光パネル、風力などのグリーン技術において圧倒的な市場シェアを築いてきた。

そのため、世界各国で中国を脅威と見なす動きが出ている。例えば米国では、太陽光パネルが実質的に輸入禁止になり、電気自動車購入者への補助金が対象外になり、関税率が引き上げられた。先進7カ国では、グリーン製品から中国製を排除する動きが広がっている。

中国が爆発的経済成長を遂げられた黒い秘密

ここで改めて、中国がどのように経済発展を遂げたか振り返ってみよう。

東西冷戦終結前の経済のグローバル化は、実質的にG7の国際化である。そこでは法の支配が共通理念であり、独裁政治体制の東側諸国ではヒト・モノ・カネの移動が行われなかったため、労働者の権利や環境破壊などを無視した競争は限定的だった。

しかし、東西冷戦が終結すると西側諸国は、自由で開かれた民主主義国家と独裁者を個人崇拝する権威主義国家との価値観の違いなどを棚上げした状態で、関与政策に基づいて経済のグローバル化を推進。この流れの中で、労働者の人権が置き去りにされる事態となった。とりわけ「中国の特徴ある社会主義」を棚上げしたことはのちに大問題となる。

その理由の一つが、株主資本主義だ。株主資本主義においては「労働者はコスト」なので、低賃金労働はコストの極小化を実現する善い行いとされる。人権侵害の考えがない権威主義国家では、企業が奴隷労働を利用して利益を極大化し、株主への配当や多国籍企業の経営陣の懐に入るインセンティブボーナスに使われている。

市場価格を下回る商品を販売するために生産コストを下げ、利益の極大化のためには何をしてもよい――この考えが、サプライチェーンを自国から権威主義国家へ移転する動機の一つになった。

多国籍企業にとって、労働者に正当な対価を払わず労働を強制できる地域が存在するというのは、うまみがある。製造原価に占める人件費をゼロに近づけることができるからだ。

こうして、労働者を保護する法律がある国で高い費用を払いながら生産するよりは、人権侵害に目をつぶり、手段を選ばず利益を増やしたほうがよいと考える企業が出現。これらの企業は、権威主義国家に建設した生産拠点で奴隷労働を黙認して利益の極大化に走った。当時、米国国土安全保障省の副長官であったケン・クッチネッリ（Ken Cucinelli）氏は、「世界中で1070万人にのぼる強制労働が毎年434億米ドル以上の利益を生み出す」と述べている。

この流れのなかで、世界の企業に利用された権威主義国家の代表格が中国だ。中国側も積極的にこの流れに乗った。2001年12月、中国が世界貿易機関（WTO）に正式加盟。鄧小平最高指導者は改革開放路線を掲げ、安価で豊富な労働力を提供できる中国は「世界の工場」であると標榜した。

その結果、西側諸国のサプライチェーンに組み込まれた中国は急速に経済発展。2007年に、名目上のGDPでドイツを抜いて世界第3位となり、2010年には日本を抜いて世界第2位の経済大国となった。

「再生可能エネルギー」は世界最強の製造国になるカギ

習近平氏が最高指導者に就任後、中国は鄧小平の改革開放路線と決別し、規制と統制路線へと舵を切った。2010年の国防動員法施行以降の動きは、目覚ましいものがある。国家情報法、輸出禁止・輸出制限技術リスト、中国版エンティティリスト、輸出管理法、反外国制裁法、サイバー安全法、データ安全法、個人情報保護法、改正反スパイ法……こうした施策・法律が次々に打ち出され、国家安全部が強大な権限を振るう国へと変質したのだ。

産業政策はどうかといえば、2015年に製造覇権を握るためのロードマップ、中国製造2025、中国標準2035、中国製造2049を発表。2049年までに10の産業分野で、世界最強の製造強国になるという宣言が出された。

その中で打ち出されたのが、再生可能エネルギー設備の開発推進だ。中国製造2025の指導思想に、次のような記述がある。

グリーン発展。持続可能発展を製造強国建設の重点とし、省エネ・環境保護の技術・工程・設備の普及と応用を強化し、グリーン生産を全面的に推進する。循環経済を発展させ、資源のリサイクル効率を高め、グリーン製造システムを構築し、エコ文明に向けた発展の道を歩む。

世界最強の製造国になるため、中国は国を挙げて、再生可能エネルギー設備で世界一のシェアを取ろうと動いている。この産業政策を実現するために登場したのが、双循環戦略だ。

「双循環戦略」で他国の生殺与奪権を握る

双循環戦略は、2020年に初めて登場した。習近平国家主席が呼びかけた「新たな発展パターン」の創設がその始まりだ。

そこで前述の産業政策や国内市場の育成ならびに高付加価値産業の育成、外国への経済的威圧を組み合わせた新経済成長モデルが打ち出され、世界経済を中国のために機能させるとしたのが「双循環戦略」である。

双循環の具体的な手順を見てみよう。まず中国政府が、中国企業へ産業補助金などを支給し、価格競争で優位に立つための優遇策を進める。次いで中国企業・大学・研究機関へ研究開発を推進するための助成金を支給する。そして中国の名門大学から日本の名門大学への留学生を派遣し、日本由来の技術を盗み取ったり中国政府の国家市場監督管理総局が推進する政府調達などの入札を認めるための新たな規格を設定したりする動きと連動させる。この新たな規格とは、中国政府などの入札から中国で設計・開発を行わない機器を排除するもので、中国で事業をしたければ、基幹技術をすべて教えろという事実上の技術強制移転政策である。

次は、輸出攻勢だ。中国企業は、家電製品や通信機器、太陽光パネル、電気自動車などをダンピング輸出し、海外の製造業を事業撤退に追い込んできた。

こうして海外事業を加速させながら、国内で西側諸国から技術移転を進めたり、自国の技術力を高めたりすることで製品の高付加価値化を進め、国外で生み出す利益を中国に還流させる。世界の生産が集中する中国では、生産活動が活発になり、国民は豊かになり、国内経済が拡大する。一方で製造が空洞化した国では、ものづくりができなくなり、経済が縮小して貧困化する。

これらはすべて中国の産業政策や中国製造2025、中国製造2049に基づいた動きだろう。2021年10月に発表された国家標準化発展綱要（中国標準2035）もこの第二段階を見込んでのロードマップで、他国を中国の技術・経済力に依存させることを目的としている。

つまり、中国標準2035は、国際標準化という手段を通じて2035年までに自国技術を海外展開していこうとする技術政策というわけだ。戦略通りに行けば、他国は生活必需品を中国から輸入する立場になる。

こうして中国には、生活必需品をはじめとする製品を購入した代金が支払われる。これは言ってみれば、他国の生殺与奪の権を握ることと同義だ。

このように中国は、中国企業に産業補助金を濫用したり、他国にダンピング輸出をかけたり、少数民族に強制労働をさせて製造コストを下げたりして、自国以外の競合企業を事業撤退に追い込んできた。さらにはその事業を債権放棄させ、二束三文で買収することも繰り返している。例えば日本の場合は、薄型テレビやパソコンなどのメーカーが中国企業にM&Aされた。

仕上げは、エコノミック・ステートクラフト（経済的威圧）の多用である。経済的威圧とは、「国家が軍事的手段でなく経済的手段により他国に対する影響力を行使すること」

を指す。

これまでも中国は経済的威圧を多用。中国の言い分を聞かない相手国に対して、膝を屈するまで輸入禁止や輸入関税率を上げ、武器を使わない戦争を仕掛けてきた。

最近の事例としては、東京電力福島第一原発の処理水放出を口実に行った日本産水産物の全面的輸入停止が挙げられる。中国から輸入禁止にされたことで行き場を失った台湾のパイナップルを、日本が輸入して消費したことなども記憶に新しい。

このように中国は、相手国にエコノミック・ステートクラフトを行うため、貿易上の相互依存関係を利用する。中国の言う「戦略的互恵関係」は、これを意味する。

こうして製造が空洞化する国が増え、工業地帯は「ラストベルト」と呼ばれる米国の衰退地域のようになる。他国が貧困化して経済が縮小する一方、世界の生産が集中する中国では国民が豊かになり、国内経済が拡大していく。

太陽光パネル生産のために搾取されるウイグル人

権威主義国家では、製造コストを下げるために労働者の人権侵害が日常的に行われている。

２０１１年6月、国際人権団体などから批判を受けた国連人権理事会は、企業と人権に関する「ビジネスと人権に関する指導原則」を全会一致で可決。この中で、人権デュー・ディリジェンスが提唱された。またドイツのエルマウで２０１５年に行われたＧ７首脳会議の宣言には、「世界的なサプライチェーンにおいて労働者の権利、一定水準の労働条件及び環境保護を促進する」という文言が盛り込まれた。

以降、世界各国で、企業に人権を尊重する経営を求める動きが加速している。

太陽光パネル関係では、２０２１年4月、米国の戦略国際問題研究所（ＣＳＩＳ）がある事実を発表した。中国当局がウイグル人を強制収容し、収容施設内で職業訓練と称して無償または低賃金で多結晶シリコンの製造を強制していたのだ。

ＣＳＩＳはその発表の中で、大手シリコンメーカー5社のうち4社が新疆ウイグル自治区にあり、収容施設において強制労働で製造された多結晶シリコンを使用していること。市場の95％以上のシリコン製パネル部材がウイグルで生産されていることなどを報告した。

このウイグル人強制労働の実態について、英国・シェフィールドハラム大学のローラ・

マーフィー博士（人権と現代奴隷制について研究）と、サプライチェーン・アナリストのニロラ・エリマ氏（ウイグル自治区で19年間生活）が、次のような報告書を共同執筆している。ここでその指摘を一部引用しよう。

「太陽エネルギーに対する世界的な需要を受け、中国企業は環境への責任を可能な限り安く済ませることに注力してきた」

「それに伴い、サプライチェーンの起点で働く労働者は多大な犠牲を強いられている」

こうして欧米で人権擁護の声が高まると、米国もウイグル人に対する人権侵害を問題視するようになった。

2020年6月、トランプ大統領（当時）が、上下両院で圧倒的多数の賛成で可決された「ウイグル人権法」へ署名し、同法が成立。

2021年6月、バイデン政権が、「中国ウイグルにおける強制労働についての新たな措置」という政策文書を公表した。政策文書の中で、太陽光パネルなどのシリカ系製品大手企業の製品の輸入禁止措置と、強制労働により生産された製品のリストに太陽光発電に関連するポリシリコンを追加した。

2021年12月、バイデン大統領はウイグル人権法を改正・強化し、同時にウイグル強制労働防止法を成立させる。そこでは、すべての地域における強制労働の慣行を終了させること、ビザ規制、金融制裁、輸出入規制を含む米国政府が利用できるすべての権限を駆使し、ウイグルにおける重大な人権侵害に対処することが方針とされた。

この法律の要点は、ウイグル自治区からの輸入品が強制労働で生産されたものではないと明確に証拠を示すことができない限り、同地区の産品輸入を原則禁止としたことにある。明確で説得力のある証拠が示せれば米国へ輸出することは可能だが、実際に立証することはできないだろう。

バイデン政権はまた、ウイグル人権法の人権侵害行為に「責任を負う外国企業・団体・中国の官吏を含む人」を追加。また、制裁対象となる行為に「ウイグル人など民族的・宗教的少数派の人々、又はウイグルの他の人々の強制労働への関与」も加え、内容を強化した。製品や技術、サービスの提供を含む実質的な支援を行った非米国人・企業などが「責任を負う者」として、当局者と同じ制裁対象として扱われる可能性が出てきたわけだ。

こうした動きは、世界各国で加速している。英仏加豪独などは、現代奴隷法や人権デューデリ法などを相次いで制定。人権デューデリを法的義務とする例が増えている。今や、人権問題は経済安全保障と密接不可分になったのだ。

この世界的な流れを、日本企業も無視することはできないだろう。わざわざ人権侵害リスクを取り、ウイグルで製造された部材を使うかどうか――これが今、日本の企業経営者に問われれている。

またエネルギー関連では、特定国への依存が問題視されるようになった。その流れのなかで、新たな経済概念や法律が生まれている。

2022年2月、ロシアがウクライナ侵略戦争を開始。翌3月、欧州連合とその加盟国の首脳が、ロシアによるウクライナへの侵攻とEUの中長期的な対応について協議を行うためにベルサイユで会合を実施し、会談後、ベルサイユ宣言が採択された。その内容は、①EUの防衛能力の強化、②強固な経済基盤の構築、③ロシアを念頭に置いた化石燃料の依存解消、持続可能なエネルギー開発の加速化である。

ベルサイユ宣言の中で、欧州委員会は3月末までに、来冬へ向けた安価なエネルギーの安定供給に向けた計画を、5月末までに、ロシア産化石燃料からの脱却計画「リパワーEU」を、それぞれ提案するよう求められた。この「リパワーEU計画」は、①省エネ、

②輸入先の多角化、③クリーンエネルギーへの移行加速の三本柱で構成されている。
同年6月、ロシア国営の天然ガス会社ガスプロムは、ノルドストリーム経由の供給量を通常の4割に削減。同年7月には2割まで減らした。経済的威圧をかけたのだ。追い打ちをかけるように同年9月、ノルドストリームが原因不明の爆発事故を起こし、欧州の危機感はさらに高まった。

2023年6月20日、ロシアによる経済的威圧に直面した欧州委員会は、EU初の経済安全保障戦略を発表。中国に関する名指しは避けたものの、中国を念頭に置いて、サプライチェーンや重要インフラ、技術流出、経済的依存・威圧に関するリスクが明文化された。欧州委員会は、経済安保リスクの特定と評価を実施したうえで、その対策として投資や輸出に対する制限などを強化するとした。

ここで中国が念頭に置かれた理由は、人権侵害（強制労働）問題に加え、太陽光パネルなどの高い市場占有率にある。2023年11月、エネルギー調査会社ウッド・マッキンゼーは、2026年にかけて中国が太陽光発電設備の世界シェアの8割超を独占するとの見通しを発表。同社によると、中国は2023年、太陽光発電産業に1300億ドル超を投資し、2024年には発電容量が1TW（テラワット）を超えるウエハーや太陽電池、ソーラーパネルを生産。2032年まで、毎年の世界需要を十分に満たす供給能力を備えるという。

脱炭素・環境保護を実現させる「グリーン経済安保」という新概念

不透明な産業補助金を使って相手国にダンピング輸出攻勢を行い、相手国の企業を事業撤退に追い込み、その事業に債権放棄をさせて二束三文で買い叩くのは、国家資本主義の国、中国のお家芸である。米政権が後押しする国産ブームに期待する米国内の供給業者の間では、この〝中国リスク〟への懸念が高まっている。

2024年1月、2023年6月に発表したEU初の経済安全保障戦略に基づき、欧州委員会は「経済安全保障に関する政策パッケージ」を発表した。

対内直接投資審査規則の改正案

安全保障の観点から各加盟国がEU域外企業による域内投資を審査する際の共通枠組み

を強化する。

軍民両用物品の輸出規制に関する白書

各加盟国が実施する軍民両用物品の輸出規制について、ＥＵレベルでの加盟国間の調整強化を検討する。

対外投資規制に関する白書

域内企業による域外国への人工知能や量子計算などへの投資を審査する対外投資スクリーニング制度の要否やその在り方を検討する。

軍民両用物品の研究開発支援に関する白書

現行のＥＵ支援プログラムは、民生用と軍事用とを厳格に区別した上で運用されており、民生・軍事双方への転用可能性のある技術開発の支援不足が指摘されている。こうした技術開発の支援強化の要否を含め、ＥＵ支援プログラムの今後の在り方を検討する。

域内の研究開発におけるセキュリティー強化に関する理事会勧告案

域内の研究機関による安全保障上重要な技術の知見に関し、域外国による軍事利用が懸念されている。そこで、域外国への流出を防止すべく、加盟国や研究機関に対するEUレベルの指針などを提示する。

こうして、ロシアによるウクライナ侵略戦争は、化石燃料を中心とした産業構造をクリーンエネルギー中心の構造に転換する取り組みである「グリーントランスフォーメーション（GX）」に影響を及ぼした。

ここで登場したのが「グリーン経済安保」である。これはロシアと中国を念頭に、脱炭素・環境保護に必要な資源や製品の確保、新クリーン技術の開発・保護など、GXと経済安全保障とを関連づけるものだ。

以上のようにEUは、太陽光パネルなど、中国からの輸入割合が大きい原材料・製品の調達先を、分散・多様化させるデリスキングを進めている。

2022年5月11日、「経済施策を一体的に講ずることによる安全保障の確保の推進に関する法律」（以下、経済安全保障推進法）が成立し、同月18日に公布された。この法律

制定の趣旨は、法制上の手当てが必要な喫緊の課題に対応するため、

重要物資の安定的な供給の確保
基幹インフラ役務の安定的な提供の確保
先端的な重要技術の開発支援
特許出願の非公開

に関する4つの制度を創設するものである。

再生可能エネルギー関連では、重要物資の安定的供給の確保という観点から見て問題と思われる事件が発生している。
2020年12月1日、菅義偉内閣の河野太郎内閣府特命担当大臣（沖縄及び北方対策、規制改革）、行政改革担当、国家公務員制度担当が主催する内閣府の審議会「再生可能エネルギーなどに関する規制等の総点検タスクフォース（以降、TF）」が、第一回会議を開いた。このTFは、再生可能エネルギー等の導入拡大に向けた規制等の具体的な改革策

を扱うものだが、構成員の一人である大林ミカ自然エネルギー財団事業局長が会議で提出した資料が問題となった。資料内に、中国国有企業である国家電網公司の透かしロゴが入っているのではとの疑惑が浮上したのだ。この件は2024年3月に内閣府が正式に認め、大林氏は構成員を辞任するに至った。

日本のエネルギー政策に大きな影響を及ぼすTFでの議論が、中国共産党の浸透工作が進み、中国の国益を優先する方向で進んでいた可能性が排除できないことである。この推理が正しいならば、これは内憂外患行為と断じることができる。

国防のため「グリーン経済安保」の進展が急務

ソフトバンクグループの代表である孫正義氏が設立した自然エネルギー財団のウェブサイトでは、2011年、孫正義氏が提唱したアジアスーパーグリッドについて、アジア各地に豊富に存在する太陽光、風力、水力などの自然エネルギー資源を、各国が相互に活用できるようにするため、各国の送電網を結んでつくりだす国際的な送電網と説明する。自然エネルギー財団はその設立以来、その実現をめざす取り組みを推進してきたとも書かれている。

また、同ウェブサイトには、世界を超高圧送電網でつなぎ自然エネルギーによる電力供給を行うことを目指す「グローバル・エネルギー・インターコネクション構想」実現のため2016年3月に設立されたのが、グローバル・エネルギー・インターコネクション発展協力機構（GEIDCO）であり、GEIDCO会長には、先に述べた中国・国家電網公司会長の劉振亜氏が就任し、副会長には自然エネルギー財団設立者・会長の孫正義氏が、元米国エネルギー庁長官のスティーブン・チュー氏と共に就任したとある。また、自然エネルギー財団はGEIDCOの運営委員である。

だが中国やロシアなどの懸念国と日本の送電網がつながると、経済安全保障のリスクが高まる。なぜなら、中国やロシアが送電を止めると、日本にブラックアウト（大手電力会社の管轄する地域のすべてで停電が起こる現象〈全域停電〉のこと）を起こすことができ、中国やロシアに生殺与奪の権を握られてしまうからだ。

アジアスーパーグリッド構想は、国民生活に欠くことのできない日本の電力インフラを中国やロシアなどの懸念国の支配下に置くリスキーな構想であり、重要物資（電気）の供給の確保を不安定にしてしまう。

マスコミはこの事件を取り上げないが、河野太郎大臣が大林ミカ氏を任命した経緯など不明な点が多い。

日本では、経済安全保障推進法の二本目の柱である基幹インフラの安全性・信頼性を確保するため、14業種が特定社会基盤事業者として指定された。その一つが「電気」事業だ。この制度は、懸念国が我が国の重要インフラ設備にマルウェアなどの不正機能を埋め込んだり、脆弱性を悪用したりして、国民生活を破壊することを防ぐためにつくられた。

ところが2024年5月、電子機器メーカーのコンテック（大阪市）が製造した太陽光発電施設の遠隔監視機器約800台が、中国のハッカー集団と見られる犯罪集団によるサイバー攻撃を受け、一部がインターネットバンキングによる預金の不正送金に悪用されていたことが発覚。発電施設に障害が起きる恐れもあった事件だ。

グリーン経済安保そのものの法制化は、これからである。我が国は、中国対策を念頭に置いたグリーン経済安保を推進する必要がある。

危険な太陽光パネル設置義務化、風力発電投資…再エネ独裁都知事・小池百合子への叛逆

上田令子（東京都議会議員）

２０１６年7月31日、「グリーン旋風」を巻き起こし、自民党推薦候補から１００万票以上の大差をつけた東京都初の女性都知事が誕生しました。その名は「小池百合子」。就任早々、「都民が決める。都民と進める。これが私の目指す都政の姿であります。常に都民ファーストで、透明性を高め、皆様の理解を得ながら『都民の、都民による、都民のための都政』を行ってまいります」と表明しました。

当時、都政は「自民党ドン政治」と呼ばれる旧態然とした利権主導の「古い政治」がまかり通っており、新人議員であった私も相当に手を焼いていたことから、都議会で唯一、いの一番に名乗りを上げて彼女を応援してしまいました。２９１万人の都民も「東京大改

革」で世の中が変わると期待と希望を寄せたことでしょう。

あれから8年……。その小池知事が何を行ったかといえば、新築住宅太陽光パネル義務化設置条例の可決・成立。「再開発」「再整備」の名のもとに、人々の憩いの場である神宮外苑や各地の都立公園の樹木を次々と伐採。長年親しまれた風景を壊し、悪趣味な建造物を建て続けるなど、都民を顧みぬ独善的な施策を次々と打ち出しました。

結局、自分の政治生命ファーストで、再エネなど新たな利権のための都政を強引に進めた小池知事への希望は失望となり、今や絶望に変わり果てています。

天下の愚策「太陽光パネル設置義務化」

2022年12月13日、政府との政策調整もせず、小池知事は功名を急ぎ突如として新築物件の屋根に太陽光パネル・充電設備の設置を義務付ける条例（東京都環境確保条例・2025年4月1日施行）を強行採決しました（賛成：都ファ・公明・共産・立民他）。

自由を守る会（上田）ともども、国政与党の都議会自民党も反対に回るという異例の事態に発展し、都民・国民から今日に至っても反対の声が上がり続けております。
まず、結論から申し上げますと、都民の皆様には設置の義務はなく拒否ができます。新築住宅を購入する場合、パネル設置建売を避ける、注文住宅であれば設計時に「太陽光パネル設置無用」と伝えればいいだけの話です。

一生の買い物であるマイホームをどうするかは小池知事が決めることではありません。憲法第29条で、財産権は皆様に保障されており、設置を拒否しても条例違反などに問われることは絶対にありませんのでご安心ください。

設置義務が発生するのは、年間の総延床面積2万㎡以上のハウスメーカー約50社であり、各社に課せられた設置目標を達成しないと企業名が公表されます。「パネル設置を拒める」ということを積極的に説明すれば「義務化」ノルマが達成できなくなってしまいますから、メーカー側は必死に推奨すると思われますので、メーカーに何か言われたら「上田都議と相談して設置しないと決めた」と伝えてください。

２０２４年元旦に発生した能登半島地震直後、飛散した太陽光パネルへの感電につき、経産省から異例の注意喚起がなされました。首都直下型地震の不安を都民が抱えるなか、人口密集地の新築住宅に無数のパネルを載せる義務化条例の施行は２０２５年４月に迫ってきています。

直近でも、メガソーラー火災は頻発しています。２０２４年1月には、和歌山県の山林で発生し、夜間の消火活動となりました。3月には、鹿児島県の消防士四人が爆発で負傷。内、一人は顔に大やけどを負っています。4月に入り、北海道では下草１２００㎡が焼ける火災が発生。宮城県では太陽電池モジュールが約３万７５００㎡にわたって燃え続け、鎮火は約22時間後となったとのことです。

いずれも消火活動は感電の危険と隣り合わせという決死の作業となりました。現在、消防団には絶縁性防護服の支給や対策の周知もされておらず、感電による死傷者が出た場合への想定が甘過ぎるのです。消防庁が指示し消防隊員が消火にあたると、毎度都は答弁しますが、大地震に伴い同時多発的に災害が発生するのは阪神、東日本、能登で経験済みのはずです。全部消防官で対応できるわけがなく、団員がやらざるを得ない現実から目を背け続けています。

それだけリスクのあるこの事業に、小池知事が言うところの「ゼロエミッション効果」はどれだけあるのでしょうか？　太陽光パネル導入で、どれほど東京都の気温が下がるのでしょうか？

実際のところ、気温低下は０・００００４３℃しか期待できないことが判明しています。これは環境・エネルギー研究の第一人者杉山大志氏に助言を受け、国連気候変動に関する政府間パネル（ＩＰＣＣ）が公表している「累積で１兆トンのCO_2削減で０・５℃の気温低下が見込める」とのデータを基に試算してみた結果です。

この私の指摘に対し、「義務化によるCO_2削減効果は２０３０年で年間43万トンを見込む」と環境局長は答弁するのみで、結局何度下がるか回答を避けました。

また「パネル設置後に先述した感電のような二次災害が発生し、死傷者が出た場合、あるいは二次災害の恐れから作業が遅れた場合、都は責任を負うのか」について小池知事の所見を伺うも、答弁拒否をしてゼロ回答であったことを指摘しておきます。設置を義務付けたからには責任を免れないとの恐れからではないでしょうか。

太陽光パネル設置義務化、7つの問題点

ここで改めて、小池都知事の暴挙・太陽光パネル設置義務化の問題点を挙げてみましょう。

①都民に事実上拒否権があることを積極的に周知していない
②災害時の消火・感電対策をどうするのか（江戸川区などでは大規模水害が想定されており、パネル水没時や火災で放水する場合の感電対策が徹底されていない。消防団に消火方法が指導されていない）
③災害などで太陽光パネルを原因とした被害に遭っても、都はその支援・補償を明言していない
④パネルを設置しても気温低下に1℃も貢献しない
⑤長期的に採算が合わない（小池知事が言う「6年間で元が取れる計算」の中には、長年使用する付帯設備の交換や撤去・廃棄・更新費用などのコストが含まれていない）
⑥廃棄・リサイクル対策が確定していない（現在、リサイクル業者が全国にわずか38社しかなく、不法投棄の懸念が発生する）
⑦強制労働が疑われる、中国新疆ウイグル自治区製パネルが混入しかねない（米国はすでにジェノサイド製品の輸入を禁止する法律を施行しているが、日本ではいまだ法整備が整わず、都条例にも明記されていない。都民が知らぬうちに〝屋根の上のジェノサイド〟で人権侵害に加担していると国際社会で批判されぬか危惧）

「7つのゼロ」公約をほぼ未達成の小池知事は、この7つの問題点を解決する義務がある。「温暖化防止ではなく、むしろ、パネルがギラギラと気温上昇に貢献するのではないか?」と危惧する声も多数届いています。2025年の施行までに世論形勢を行い、義務化改悪条例を改正する条例制定を目指したく、都民および専門家の皆様と力を合わせてまいります。

利権うずまく「風力発電」に都民の血税を10億円投資

また、都が再エネ発電所などに投融資するファンドの第1号案件として、北海道豊富町で2024年3月2日に運転開始した風力発電事業に投資する件も看過できません。

ファンドの運営主体「TLDファンドマネジメント合同会社」(株式会社Looopにより設立。なお、本ファンドには東京都のほか、株式会社センコーコーポレーション、東銀リース株式会社、株式会社Looopが投資家として参画)と投資先の事業主体「豊富Wind Energy合同会社」(Looopと中部電力が共同出資)について、どちらもLooop社が関与していることに即懸念を抱きましたが、「利益相反などの問題はチェックしたうえで投資判断している」と報道されていました。

そもそも、世界的にESGファンドが大暴落しているというのに、なぜ都民の血税を10億円も使って、利益相反が疑われる再エネファンドをやらねばならないのでしょうか。

都は「本ファンドは、都の出資を呼び水に民間資金やノウハウを引き出し、再生可能エネルギー発電所等の整備促進を図るもの」としていますが、都民生活の何に寄与するのかまったく理解ができません。

しかも、技術力を要する利益相反のチェックを誰がどう行うのか。出資金回収情報が非開示であるなか、出資金をいつまでにどうやって回収するのか。ファンド終了までに、支払い想定が運用益などを上回らないのか。また、公益が加わる投資プロジェクトの撤退時期の判断が鈍らないのか。疑問は尽きません。

これらを実際に質したところ、「ファンド運営は、専門性を有する事業者にゆだねつつ、都は定期監査など、外部専門家の助言を得ながら適切にモニタリングを実施する」との回答。しかし、この「外部専門家」というのも胡散くさいこと、この上なし。新エネルギーファンドのベンチャー企業系専門家や、Ｌｏｏｏｐ社との相関関係にも、私は疑いの目を向けております。

また、国防上の観点からも問題があります。2024年3月1日、政府においてもようやく、ミサイルや領空侵犯を監視する自衛隊や在日米軍のレーダー運用への影響を防ぐため、自衛隊施設の周辺を対象に、風力発電建設の事前の届け出や協議に関する規制をまとめた法案が閣議決定されました。

実際に防衛省ホームページの「風力発電設備が自衛隊・在日米軍の運用に及ぼす影響及び風力発電関係者の皆様へのお願い」には、「風車がレーダー電波を反射することにより目標（航空機、ミサイル、雲等）の正確な探知が困難になり、警戒巡視活動や部隊による迅速・適切な対処、航空機の安全な運行に支障をきたすおそれがある」との記述があり、風力発電が100km圏内でも悪影響を及ぼすことを示唆しています。

ところが恐ろしいことに、今回のファンド第1号予定地である豊富町は、僅か40km圏内に自衛隊稚内基地分遣隊や陸上自衛隊鬼志別宿営地があります。防衛的に問題がないはずはありません。

私は北朝鮮・ロシアとの緊張関係を鑑み、国防こそ最優先すべきと考え、元防衛大臣である小池知事の所見を確認するも答弁拒否。国防問題には一切触れずに、スタートアップ・国際金融都市戦略室長に「具体的な投資案件は、ファンドの趣旨を踏まえ、専門性を有する運営事業者が適切に選定」していると答えさせました。

結論からいえば、国防を度外視して「専門性を有する運営事業者（Ｌｏｏｐ社＝新エネ事業者）」に決めさせたことを、図らずも吐露する結果となりました。ますますもって監視を強めなければならない使命を痛感し、今後も効果不明の環境・新エネ政策を厳しく追及してまいります。

樹木を伐採してＳＤＧｓとは笑止千万の「神宮外苑再開発」

２０２３年2月、坂本龍一氏は「目の前の経済的利益のために先人が１００年をかけて守り育ててきた貴重な神宮の樹々を犠牲にすべきではない」と小池知事に手紙をしたためました。これをきっかけに一気に国民の関心が高まり、私が紹介議員となった再開発見直しを求める請願は、自民・公明・都民ファーストの会の数の力で不採択に追い込まれたものの、初めて10会派中7会派もが賛成に回りました。

そもそも外苑は、明治天皇の遺徳を伝えるため、全国民からの寄付金と献木、勤労奉仕を結晶させ、大正15年に造成されました。戦後、「国民が公平に使用できる」「利用料は低廉に」「民主的運営」などを前提に相場の半額程度で国が神宮に譲渡したものです。知事が掲げる「百年後を見据えたまちづくり」という美名のもと、樹木を伐採し、人々に親しまれた運動場を取り上げ、由緒ある神宮球場や秩父宮ラグビー場を取り壊し、限られた人しか利用できない高層ビルやホテル建設をするために譲渡したわけではなかったはずです。

本来の趣旨に反する再開発は、海外メディアにも報道され、坂本氏に触発されたかのように村上春樹氏を中心に文化人・著名人が声を上げ始め、サザンオールスターズの再開発批判ソングが日々CMで流れ、国際イコモスがめったに出さないヘリテージ・アラート（文化的資産の危機への警告）を発出。知事は国内外から批判され始めた焦りからか、再開発事業者（三井不動産・明治神宮・伊藤忠商事・JSC）に樹木保全の要請などを度々行うようになり、前代未聞の樹木伐採延期となり今日に至ります。

樹木伐採については前述の譲渡条件を度外視し、都は「民有地だから関与しない」との弁明を繰り返し続けています。

しかし、東京五輪開催を潮目に、歴代都知事は事業者が再開発しやすいように地区計画を継続的に変更してきたのです。そもそも再開発に疑わしい点があったのならば、小池知事は伐採を許可する最終盤の2023年2月17日の再開発（「神宮外苑地区第一種市街地整備事業」）の認可を出さず、見直しをさせるべきではないでしょうか。

結局、「事業認可が済めば、国民は諦める」とタカをくっていたのでしょう。反感を買い旗色が悪くなったとたん、2024年7月の知事選のため、己の政治生命維持に浮足立って迷走。知事の姿と再開発の迷走が重なり、滑稽ですらあります。

自然を壊して室内展示する「葛西臨海水族園淡水生物館の解体」

上田が疑義を唱え続ける解体ありきの葛西臨海水族園再整備事業は、1400本もの樹木伐採が想定された太陽光パネルを載せるおぞましい提案をしたINOCHIグループ（NECキャピタルソリューション・鹿島建設・日テレアックスオン他）が、総額431億円で落札してしまいました。採用されなかったTALグループ（五洋建設等）より、実に9億円も高い金額です。

父子でホテルオークラの設計を手掛けた谷口吉生氏設計の美しいランドマークをどう残すのか。ガラスドーム（本館）をどう利活用するのか。「淡水生物館」と周辺の水辺をも壊すのか。なぜ安いほうが落札できなかったのか――中身で比較したいと思い、この2グループの図面公表を、私は都に度々求めてきました。

しかし都は、都民の水族館であるのに「都が公表するものではない」の一点張り。次の一手を考えあぐねていたところ、図らずもメディア報道によって幻のＴＡＬ案が公開されました。その内容は、環境を守り、既存施設を利活用するというもの。しかも、落札された案より安いというのですから、なぜこの提案が落とされ、価格も環境負荷も高く、自然を壊す案が採用されたのか大きな疑問が残ります。

事業者決定から1年半、新施設の詳細な配置図さえ都は公表せずに来ました。それどころか、自ら改修可能な施設としていたにもかかわらず、２０２４年2月の環境・建設委員会で「淡水生物館は利活用しない」（＝解体する）と突如表明。再整備建設に際し６００本の樹木を伐採するとし、それらを残すことができた「幻案」の不採用については一切を明らかにしないという驚愕の答弁となり、強引に「再整備」という名の破壊工事が着手されようとしています。

神宮外苑も都立公園も都民憩いの場であり、小池知事と都庁官僚のブロック遊びのように壊されるオモチャじゃない。CO_2削減に貢献する100歳の大樹を伐採して苗木を植えることの、どこがサステナブルなのでしょうか。都民の有形の近代公苑財産であると同時に、無形の記憶財産でもあるのです。解体するのではなくて、今ある「みどりと生きる」ことを都民は望んでいます。

その怒りは〝伐採女帝〟小池知事にも届いたようで、彼女は今、相当の焦燥感を抱き「東京グリーンビズ」を掲げて汚名返上に必死です。

拙速な神宮外苑再開発事業認可、葛西臨海水族園の不可思議な入札結果を見れば、何が起こっているかは一目瞭然です。このままでは、すべての都立公園の自然や歴史的景観を破壊する拝金主義的事業者による「総テーマパーク」化が進むことは間違いなし。ＰＦＩ※の名のもと民間事業者任せにすることは、都民資産の令和の払い下げに値する蛮行であると上田は断罪するものです。

※Private Finance Initiative：プライベート・ファイナンス・イニシアティブ。公共施設等の建設、維持管理、運営等を民間の資金、経営能力及び技術的能力を活用して行う手法。

２０２４年３月７日には、都議会の超党派議員連盟で三井不動産本社に赴き、私も発案に加わった「現存樹の維持」「開かれた話し合いの場」「国内イコモスの意見反映」を求める要望書を提出しました。これまでは頑なに接触を拒んできた事業者でしたから、これは大きな快挙です。翌週14日には事業者評価書が「客観的、科学的ではない」と、日弁連が停止検討を求める声明を出しています。

異例の伐採延期の世論を醸成し、動かした不特定大多数の皆様と共に、計画見直しへ一気呵成に追い込む機運が生まれていることから、全国民に関心を高めていただくべく奔走してまいる所存です。

学歴詐称問題で追い詰められる自称〝カイロ大首席卒〟

再エネ利権や環境破壊問題などで露呈した小池知事の本性が今、完全に暴かれようとしています。２０２４年４月に発売された『文藝春秋』五月号によって、小池知事の学歴詐称問題が再燃したのです。小池百合子氏の環境大臣時代には環境官僚として、都知事になってからは東京都特別顧問→都民ファーストの会事務総長として小池知事を支えてこられた弁護士でもある小島敏郎氏が勇気ある告発をされたのでした。

4年前の都知事選直前の2020年6月8日、在日エジプト大使館のフェイスブックページで、なぜか突如として日本の都知事の学歴を証明する〝声明文〟が、コレマタなぜか日本語と英語だけ（肝心のアラビア語なし）で公表されました。結果は次の通りです。

「その効果は絶大だった。新聞・テレビはこの声明を一斉に報じ、学歴詐称疑惑を追及する声は一気に沈静化。都議会では、自民党、共産党、上田令子都議が「小池都知事のカイロ大学卒業証書・卒業証明書の提出に関する決議案」を提出したものの、間もなく自民党と共産党が提出者から離脱（上田注：結局日和る共産党は不確かな野党）。決議案は否決された」（文春オンライン〈https://bunshun.jp/articles/-/70026?page=2〉より）

このように、エジプト政府相手にひるんだのか、大手メディアも都議会議員も、私以外の全員が一気にトーンダウンしてしまいました。

それでもこの4年間挫けず、バカにされようと嫌がらせされようと私が質問を継続してきたのは、私の中に虚偽を看過できないという強い信念と秘めたる根拠があったからです。

2022年5月に届いた衝撃の手紙

それはペンネームで届きました。

ほぼほぼ、今回の『文藝春秋』記事と重なる内容で「声明文」にかかる謎と疑惑を紐解くものでありました。その中に、『文藝春秋』記事でも触れていた小池知事から、声明文作成に携わった人間に送付されたらしいメールの写しがありました。

2020年6月8日付

「明日の4時から郷原（上田注：郷原信郎弁護士）と黒木亮（上田注：作家。カイロ・アメリカン大学大学院を卒業された経験から、小池知事の学歴問題を指摘）が外国記者クラブで記者会見とのこと。その前に全部済ませます」

驚くことに、『文藝春秋』記事104ページ下段と同一文でありました。

公職選挙法はもちろん、行政事情に精通されている郷原弁護士と、エジプト・カイロの大学事情を詳しく知る黒木氏の記者会見がよほどの脅威だったことが読み取れました。

その他いくつかの、匿名ではありながら勇気ある情報提供も寄せられていましたが、過去に堀江氏メール問題（註：2006年の第164回通常国会において、民主党所属の衆議院議員永田寿康氏が、ライブドア事件に絡んで堀江貴文氏と自民党幹事長・武部勤氏の間に不当な金銭の授受があったと追及した政治騒動。当時、粉飾決算事件の渦中にあった元ライブドア社長の堀江氏が、2005年の衆院選出馬に関連して武部にコンサルタントという名目で多額の金銭を送ったという内容であったが、疑惑の証拠とされた堀江氏によるものとされた電子メールが捏造であったことが判明し、永田は議員辞職し、民主党執行部が総退陣に追い込まれた事件）などもありましたから、安易な公表は避けて胸の内にとどめておりました。もともとのんきな性分でありますが、これがあったからこそ、飄々と堂々と（笑）小池知事学歴問題追及を続けてこられたのかもしれません。

虚飾で塗り固められたカイロ大卒業伝説を崩す鍵。

それは、小池知事が声明文の存在を知っていたのか、公の場で質すことであると確信しました。

私は2022年12月8日、都議会第4回定例会一般質問で、小池知事にこう問いました。

「卒業のエビデンスとなった声明文ですが、2020年6月9日に突然公表されました。知事は、エジプト政府、カイロ大関係者らに作成依頼はされていませんよね？　また、公表前に目にしたこともないですよね？　確認します」

結果、小池知事は答弁から逃げ出しました。

通常なら、卒業を証明するのは本人であって他国に依頼するわけがありませんから、自信をもって「依頼などするわけがない！」と言えばよかったのですが、ダンマリを決め込んだのです。

つまり、「答えなかったこと」「答えられなかったこと」が答えだったのです。

知っていたとは口が腐ってもいえない。しかし、知らないとウッカリ答えて、後で証拠が出てきたら困る。だから答弁拒否をした――私の確信は揺るぎないものとなりました。

そしてとうとう、彼女が一番恐れたであろう証言が出てくる日を迎えたのです。

〝カイロ大首席卒〟なのに意地でもアラビア語を話そうとしない不思議

2020年6月3日、一般質問。

4年前、知事選直前に、カイロ大生なら必ず読み書きできるはずのフスハー（アラビア語の文語）で答えよと迫ったところ、「フスハーは文語、口語はアンミーヤ、ここでフスハーで話しても誰も分からない」とアラビア語を話しませんでした。

今思えば、これが相当こたえて「声明文」作成に至ったのではないか……と思料しております（笑）。

2022年3月25日、一般質問。

「（前回フスハーで答えなかったことから）ではアンミーヤ（同口語）で答えてください」とさらに詰め寄ったところ、答弁拒否をして局長答弁に。

2022年12月8日、一般質問。

「自称首席卒なのに、なぜカイロ大講演が日本語なのですか？」

「声明文ですが、知事はエジプト政府、カイロ大関係者等に作成依頼はされていませんよね?」(詳細前述)
またもや答弁拒否し、局長に答えさせる始末。

2024年2月29日、一般質問。
「小池氏の学籍番号が数字で書き込まれていなければならないはずだが、それがない」と指摘されてきた件につき「学籍番号はいくつか」と確認するも答弁拒否。
再質問で「百合子さんは卒業していない」と実名告白をしたカイロ大時代の同居人・北原百代さんに会い、私が直接聞いてきたことが虚偽なのか、小池知事が嘘をついてるのか質したところ、これについても答弁から逃げ出しました。

学歴問題にかかわらず、新エネ政策も含め、全都議会議員の中で私への答弁拒否率はダントツで高くなっております。「不都合な事実」について尋ねているということの証左でありましょう。

真の「東京大改革」を実現するために、小池知事は去れ！

小池知事の一期目は、私を含めた都内首都圏の無所属の県議・区議・市議約50名が支えました。

打倒自民党ドン政治を願い、その陣頭指揮は私が代表を務める地域政党・自由を守る会が執ったのでした。

「小池劇場」をつくったのは国政政党に属さない改革派地方議員と改革を望む都民でしたが、大勝を果たした途端、小池知事は側近であった野田数氏（東京都の外郭団体現・東京水道社長）を通じて再三再四にわたって私を恫喝し、結果、自由を守る会解党を強要したのです（その後、再結成）。

お世話になった人でもその高いハイヒールで平気で踏みにじる、冷血な人間性。それをもはや隠そうともせず、小池知事はやがて都民の期待を裏切り、ドン政治の温床であった自民党、国政与党公明党に急接近し、「東京大改革」は変質していったのであります。

前項の2月29日一般質問で学歴問題を質す冒頭、私は「嘘つきは泥棒の始まりと、私は父に厳しく言われ育った」と切り出しました。

当時20歳そこそこの、野心家の女の子がついた「カイロ大首席卒」という一世一代の「嘘」――。

それがここまで権力の階段を上がらせ、日本のみならずエジプトまで巻き込む学歴詐称疑惑国際問題に発展し、そう遠くない将来、政治生命の終焉を迎えるパズルのワンピースになるとしたら……なんとも皮肉なことではないでしょうか。

小池百合子氏においては、自らの来し方を振り返り、潔く政治の世界から去っていただきたい。

それが何よりも、太陽光パネル義務化により生じる災害や経済損失、国防を脅かす風力発電投資、学歴をエジプトに証明してもらう外交問題などのリスクから都民を守り、都民憩いの公園と樹木を守る「都民ファースト」で「サステナブル」で「ＳＤＧｓ」な「東京大改革」を実現するのですから。

水素社会は現実離れした〝バラ色の夢〟問題だらけの日本のエネルギー・環境政策

松田　智（工学博士／元静岡大学工学部准教授）

「脱炭素＝CO_2排出削減」は、ほぼ無意味

筆者が前著※で水素政策批判を書いたのが2021年7月だったが、以降現在に至るまでの約3年間、その批判が世に広まることはなく、国内・国外で水素、およびその関連政策が積極的に進められた。ここで言う「水素、およびその関連政策」とは、水素の製造・輸入、燃料電池、水素・アンモニア発電、合成燃料（合成メタン、e-fuelほか）などを指す。

なお先に断っておくが、筆者は「人為的地球温暖化説」を、科学的根拠あるものとしてはまったく認めていない。

※『SDGsの不都合な真実「脱炭素」が世界を救うの大嘘』（小社刊）

その理由は、①地球環境の中で循環するCO_2量が毎年200Gt-C（炭素換算、ギガ（10^9）トン）以上あるのに対し、人間の出すCO_2は同10Gt-C未満で、全体の5％足らずに過ぎないから、大気中CO_2濃度の増加（毎年約2ppm）の主たる原因が人為的CO_2であるとの説には、明らかに無理がある。また自然界のCO_2循環は平衡しているから、増えた分は人工CO_2由来との説に科学的根拠はない。②大気中CO_2濃度変化と地球気温変化の相関性は低いので、大気中CO_2が気温を支配するとの科学的根拠はほとんどない。確かにCO_2に温室効果はあるが、その気温への影響は小さい（地球で最大の温室効果ガスは水蒸気である）。地球気温への影響因子は他にも多数ある（日射量と太陽活動、海水温度、大気中水蒸気量その他）、③地球気温の上昇速度は、信頼できるデータでは100年当り0・8～1・5℃程度に過ぎず、IPCCなどが主張する今世紀中に3～5℃も上昇するとの予測には根拠がない。

つまり、地球温暖化自体が、世に言われるほど「急激」ではないのが実情である。

これらは要するに、IPCCの主張する「人為的地球温暖化説」はどの面から見ても破綻しており、人間が「脱炭素＝CO_2排出削減」などいくらやろうとも、大気中CO_2濃度も地球気温もほとんど変化しない、つまり無駄骨なのだという意味である。

さらに、最近の研究では、アイソトープ（同位元素）の分析から、大気中CO_2濃度変化の原因が主に海水の温度変化によるとの結果も出ている。

つまり、海水温度の変化（＝大気温度の変化）→海水中CO_2溶解度の変化→大気中CO_2濃度変化という因果関係（ＩＰＣＣが主張するCO_2→気温とは真逆である）が主張されている。要するに、科学的にはＩＰＣＣの仮説は完全崩壊しているのだ。

ゆえに脱炭素政策全体が否定されるべきである、というのが筆者の考えである（田中博先生ご執筆の章も参照されたい）。

それらをひとまず封印して、純粋にエネルギー政策として見た場合でも、技術的・経済的に水素政策には意味がないとするのが、本章で主張したい内容である。

実は、前著が出た後の２０２１〜２０２２年頃が、世界的に水素利用を推進しようとの機運が大いに高まった時期だった。欧米を中心に、多くの水素利用の具体策が出された。例えば、ディーゼル機関車の代わりに水素を利用する燃料電池列車とか、高炉製鉄に水素を利用する構想などだ。

その需要に応えるためには競争力のある水素製造が必要だとして、欧州主要国や米国などが水の電気分解（電解）による水素製造に力を入れ始めた。むろん、化石燃料からの水素製造ではCO_2が出来てしまうので正味の脱炭素になりにくいからである。

その電源として、再エネの他、原子力にも注目が集まった。例えば2021年8月から10月にかけて、米国エネルギー省（DOE）は、ニューヨーク州とアリゾナ州の既存原発の隣接地に設置される電解プラントへの補助金支出を決めたし、同年10月、マクロン仏大統領は小型モジュール炉（SMR）新設と原子力発電による電解水素製造の計画を発表した。

一方、日本では化石燃料からの製造が主体で、豪州の褐炭から、またはUAEの天然ガスから水素を製造するなどの構想が打ち出された。

その日本では2017年に水素関係の国家戦略としては世界初である「水素基本戦略」を策定したが、それが本格的に動き始めたのは2020年9月に管義偉政権が発足してからである。

菅首相（当時）は10月の所信表明演説で「2050年カーボンニュートラル」「デジタル庁の設立」などの目玉政策を次々と打ち出し、「脱炭素」が一躍、時の話題をさらった。

その中心的な位置に「水素」があった。以降、国内では水素やアンモニア関連事業に関心を示す企業が続出し、マスコミ等にも水素の宣伝が頻出するようになる。

まず、政府の言い分によれば、水素は「ＧＸ」の柱の一つである。ＧＸとは、温室効果ガスを発生させる化石燃料から太陽光発電などのクリーンエネルギー中心へと転換し、経済社会システム全体を変革しようとする取り組みを指す。本書ではこのＧＸを批判することが主題になっているから、他の章でもさまざまな観点から議論されるはずだ。

また政府の主張では、水素は脱炭素・エネルギーの安定供給・経済成長に役立つから、一石三鳥の良いことずくめの存在であるとされる。それで、官民合わせて15兆円以上の投資をして「水素社会」をつくることが目標とされた。

ツッコミどころ満載の「水素社会」構想

こうした動きに合わせて、全国の自治体で「水素ステーション」の開設や「水素タウン」建設の目論見が続々と始まった。

代表的な例として、２０２３年12月に発表された東京都の「東京水素ビジョン※1」を挙げておこう。その内容は、第1章が気候危機と水素エネルギー、第2章が２０５０年の目指す姿、第3章が２０３０年のカーボンハーフに向けた取り組みの方向性となっている。実のところ、筆者に言わせれば、ツッコミどころ満載である。
「カーボンハーフ」とは見慣れない言葉だが、２０５０年に「カーボンニュートラル」を達成するとして、その前の２０３０年までに少なくともその半分を達成するということで「カーボンハーフ」なる新語を作成したようだ。

しかし、筆者の見立てでは２０５０年のカーボンニュートラルも、２０３０年のカーボンハーフも、実現は難しい。とくに２０３０年の目標については、あと6年しかないのにCO_2排出量を現在の半分に落とすなど、ほとんど考えられない。いったい、どうやって……? この種の話では、具体策はまるで出てこないのが通例であり、この件でも同様であったのだが。

また２０２４年３月には、東京・晴海の五輪選手村跡地で「国内最大級の水素ステーション」が開所式を迎え、小池都知事が嬉しそうにテープカットをしていた※2。１日に燃料電池バス40台分の供給力があるとか。

水素タウン構想で有名なのは、九州大学のお膝元・北九州市、「原発被災地での水素タウン」の福島県浪江町、神戸市の「水素スマートシティ神戸構想」のほか、静岡県・山形県などでも同様の構想が打ち出された。

中でも最も早くから取り組んだのは北九州市で、２０１１年度から実証研究を行っていた（http://hysut.or.jp/archive/business/2011/02/index.html）。そこでは、公道に敷設した水素パイプラインで集合住宅や業務用施設に設置する燃料電池に水素を効率的に供給する実証、経年によるパイプラインの耐久性評価、燃料電池の実証運転による技術的課題や運用面の課題抽出などが行われた。また、燃料電池自転車への充填試験なども行われた。

後でも論じるが、これらの構想で、水素が抱える技術的・経済的課題に対して正直に向き合っているかといえば、否である。ほぼどこでも、バラ色の夢しか語っていない。マスコミも、申し合わせたように問題点を決して指摘しない。

国外の動きを見てみよう。

米国では２０３０年に１０００万トン、２０５０年に５０００万トンの水素を再エネから製造し、CO_2を10％減らすとの構想が発表された。米国は、水素を化石燃料などから製造するのは無意味であって、再エネを使って水の電気分解のみで勝負する、いわゆる「グリーン水素」一本で行くとの意気込みである。

ＥＵは、２０２２年５月に欧州委員会が公表したＲＥＰｏｗｅｒＥＵ計画において、２０３０年に水素の生産と輸入を各１０００万トンにし、エネルギーのロシア依存を脱却するとの目標を掲げた。

その前の２０２０年に欧州ではEuropean Hydrogen Backbone（ＥＨＢ）イニシアティブと呼ばれる組織が発足している。このＥＨＢイニシアティブでは、北アフリカ・南欧（アルジェリア、チュニジア、イタリア、オーストリア、ドイツ）回廊その他、全部で５つの「水素回廊」の構想を掲げている。

ただし、ＥＨＢの構想は、本稿執筆（２０２４年４月）時点ではＥＵ・加盟各国において正式に承認されたものではなく、あくまでもアイデア段階に過ぎない。

また、現在のＥＵ域内の水素消費量は年間約８００万トンあるが、その98％が天然ガス由来であって、これではCO_2削減に役立たないので、早急にクリーン（＝グリーン：再エネ電力由来）水素への転換が求められているとされる。

さらに、中国・韓国・インド・豪州などでも、水素の生産拡大と産業育成を計画していると伝えられている。まさに世界的な「水素ブーム」と言っていい。

ただ、それらの多くはＥＵの例のように、単なる構想段階のものが多い。実際、クリーン水素は需要側にとって、現状では価格が高すぎるため調達が難しい。

一方でクリーン水素事業は、発電→電解水素製造の設備が必要なので、初期投資額が大きく、金利の上昇が事業の経済性を大きく損なう（水の電気分解で水素を製造する装置は、実際にはかなり高価なのだ）。生産側にとっては、現実的に初期投資額が大きいので長期販売契約を結べなければ投資しにくいし、大型化によるコスト削減も難しい。一方で使う側から見れば、そんなに高い水素を長期間買うことにはむろん躊躇がある。

つまり、一種の「卵と鶏」的なジレンマが存在するわけだ。

これは燃料電池車（ＦＣ車）と水素ステーションの例でも分かる。ＦＣ車を普及させるには数多くの水素ステーションが必要だが、建設費が高いので数多くのＦＣ車が走ってくれていないと経営が成り立たない。いったい、どっちが先なんだ……？　という話になる。

またドイツでは暖房用燃料に水素を使うことが検討されたが、２０２３年頃から雲行きが変わった。これは、水素を使う暖房がヒートポンプや地域暖房のような既存技術よりもはるかに高価だとの理由による（天然ガスと比べてヒートポンプも安くはないが、水素はその2倍以上高い）。

結果として、水素利用は電気の利用が難しい化学、高炉製鉄、セメント、肥料工業などに限定すべきとの声が強くなった。これは、かつて水素製造法が真剣に検討されたのが、窒素肥料の原料になるアンモニアを極力安くつくるためだったことを考えたら、当然の帰結といえる。さらにドイツでは2023年8月に承認された水素発電所建設の計画が、2024年になって技術とコストの両面から再検討が必要とされた。ドイツの各種産業の業界団体は、エネルギーの未来を水素から天然ガスに方向転換せよ（というより、元に戻せ）と強く要求した。

以上、日本だけでなく世界で水素をめぐる動きはさまざまであるが、おそらく共通するのは科学的・技術的な検討の前に「バラ色の夢」が先行していて、いざ実現に向かおうとするとさまざまな困難にぶち当たるという図式だ。最も先行していたドイツで、最も早く現実的な困難に直面したのが、それを象徴している。

大半が「脱炭素」に役立たない水素供給の現状

ここで、水素の「カラー」についての情報を整理しておこう。なお、これらの名称は一般的なもので、学問的に厳密に定義されたものではないことを断っておく。一種のニックネームである。

水素にはその「源」＝出自がたくさんあり、その生産工程で出るCO_2量にも違いがあるので、種々の「色づけ」で呼ばれている。

①ブラウン水素

化石燃料、主に石炭を用いて製造される水素。以前はブラック水素とも呼ばれたが、表現がキツすぎるとされたか、現在「ブラック」はほぼ使われていない。

②グレー水素

主に天然ガスから作る水素。「ブラウン」を含め、化石燃料由来でCCSを適用しない水素を、一般にグレー水素と呼ぶことが多い（以前は、これらをブラックと呼んでいた）。

③ブルー水素

グレー水素を製造する際に排出されるCO_2をCCS（回収・地下貯留）で処理するため、実質的CO_2排出はないとされる水素。

④グリーン（またはクリーン）水素

太陽光・風力など、再エネ電力で水を電気分解してつくる水素。

⑤イエロー（またはパープル）水素

原発を利用してつくる水素。原発電力で水の電解により製造する場合と、実用例はほぼないが「高温ガス炉」で化学反応を利用してつくる場合がある。

⑥ターコイズ水素(ターコイズはトルコ石、ターコイズブルーは明るい緑がかった青色)

高温反応炉を用いてメタンの熱分解から製造される水素。メタン中の炭素がCO_2ではなく固体として析出する点に特徴がある。電力を用いるが、水素源は水でなくメタンである点が④と異なる。

また、高温をつくるための電力コスト等で④を上回れるかが課題。

⑦ホワイト水素

製鉄などでの副生水素を指す場合が多かったが、最近は天然から産出される水素をも指す。天然ガス中で水素含有率が非常に高いものが発見されたことによる。

これらのうち、現実に供給されている水素の大部分は①または②であり、③は実用例がほぼない。そもそもCCSがほとんど実用されていないからである。

国内でCCSが実用されるとすれば、最も可能性があるのは石油・石炭火力発電所のはずだが、コストとCCS適地選定などに課題が多く、まだ実用されていない。

つまり、今の水素の大半は脱炭素に役立たない。期待度が高いのは圧倒的に④で、これは各国事情で述べた通りである。⑤と⑥も、大規模実用例はまだない。

⑦は、天然資源として産出されるのであれば「一次エネルギー」であり、ここで議論している「二次エネルギーとしての水素」とは根本的に話が違う。こちらは石油や天然ガスと同じ化石資源として議論すべきだろう。ただし、水素に関しては、貯蔵・輸送に関しても既存の化石燃料より格段に難しい問題を抱えている点には留意すべきである。

問題山積の「水素基本戦略」

先述の通り、2017年の「水素基本戦略」は、世界に先駆けて打ち出された「水素に関する国家戦略」だった。そしてその6年後、2023年6月に改定版が出ている。その内容について、検討してみたい。

そもそもなぜ「水素」か？　その答えは、なんと言っても「燃やしてもCO_2を出さない」点にある。TVその他マスコミでも、水素を語る際には必ず、「燃やしてもCO_2が出ない」が形容詞として付く。その意味では、前節で述べたブラウンないしグレー水素は対象外のはずである。製造時にCO_2が出てしまうからだ。

ところが経済産業省は２０２２年１月に、グレー水素・アンモニアも、燃焼の瞬間にはCO_2を出さないことから「非化石エネルギー源」に定義すると発表した。製造時にCO_2を排出しても、燃やすときにはCO_2を出さないから「非化石」だって……？　しかも、水素・アンモニアをエネルギー「源」とは……？　筆者にはこれらの論理は、どうにも理解しがたい。

そもそも、水素をつくるときに出るCO_2には目をつぶり、燃やすときにCO_2が出ないから優遇するなど、そんな理屈はあり得ない。もうこれは、ほぼ「詐欺」である。出ているものを「出ていない」と言っているに近いからだ。「カラスを鷺と言いくるめ」に近く、少なくとも、真面目な大人が振り回す論理とは思えない。これを日本国政府の経産省が大真面目に発表するというのは、由々しき出来事、異常事態なんじゃないか？と考えざるを得ない。この人たち、アタマ、大丈夫なの？と率直に思った。「ザイム真理教＝カルト宗教」を思い出した。まさに「脱炭素真理教」。

「非化石」との言い分も、ナンセンスの極みである。周知のように、現在の水素はほとんどが天然ガスを改質してつくる。あるいは褐炭など石炭系からもつくられる。モロに「化石」である。

水素からアンモニアを合成する際、現状では高温・高圧を必要とし、その熱源は大半石炭である（一番安いため）。これまた「化石」。水素なら再エネ電力からつくって「非化石」を言い張ることもできるが、アンモニア合成を再エネ電力だけで達成した例は聞いたことがない。できたとしても、無茶苦茶高いアンモニアになるだろう。ゆえに、アンモニアは水素以上に「化石」の産物そのものである。

これらのどこが「非化石」なのか？　彼らの論理では、燃焼時にCO_2を出さない燃料を「非化石」と言っているようだが、物事の本質を見ない皮相的な見方としか言いようがない。見えない（or見たくない）ものは「ないもの」と見なす考え方である。

もう一つはエネルギー「源」である。以前から指摘しているが、水素やアンモニアなどは電力と同じ「二次（or三次以上の）エネルギー」であって、これらは真のエネルギー「源（source）」である一次エネルギー（石油等の化石燃料・自然エネ・原子力）とは画然と区別されなければならない。

二次エネルギーは一種のエネルギー「媒体（運び屋）」であって、それ自身からエネルギーを生み出す「源」ではない。この区別もつかないようでは、エネルギー政策を議論する資格がない。経産省のこの部署のお役人は、エネルギー政策でメシを食っているはずだが、こんな初歩的なミスを犯すのか？　単なる言葉のアヤですよ……などと誤魔化さないでもらいたい！

水素・アンモニア等となると、スジ悪だろうが何だろうが日本政府は目の色を変えて飛びつく。これはなぜだろうか？　優秀な人材が多いはずの中央政府内部では、水素やアンモニアが科学的・技術的・経済的に問題点山積であることは十分認識されていると思うが、そうした形跡は少なくとも表面には出てきていない。批判的意見は、すべて封殺されているのだろうか？　科学的知識のない政治家には的確な判断が無理だとしても、専門的知識を有し国の政策を担っている官僚たちが、そんなことでいいのか？　御用学者たちに「たぶらかされている」としたら、それも問題だが。

輸入頼みの無責任な生産計画

さて、「水素基本戦略」改定版に話を戻す。

2017年版では、水電解装置・燃料電池など9つの戦略分野に官民合わせて15兆円以上の投資をすることになっていた。利用量の目標は2030年に300万トン、2040年に1200万トン。そして、2020年度に100カ所以上の水素ステーションを設置し、約4万台のFC（燃料電池）車を走らせ、水電解コストを1kW当り5万円以内にするとの目標を立てていた。

これに対し、2023年版に記された内容では、水素ステーションは27カ所のみ、FC車は約8000台と5分の1に下方修正。水電解コストも未達成で、目標を先送りした。

また現在供給されている水素はほぼ化石燃料由来であり、生産段階でCO_2を排出するから、真の脱炭素には役立たない。実質的なCO_2排出削減を狙う以上、世界各国でもそうしているように「グリーン水素」――すなわち再エネ電力からの水素生産への転換が不可欠のはずだが、なぜか日本の「水素基本戦略」には再エネ水素の目標が記されていない。「基本戦略」自体の問題点が、ここに現れている。すなわち、利用量の目標はあるが、国内生産量の目標値が見当たらないのだ。当該戦略は、水素を海外で生産し国内に輸入すること、つまり輸入頼みの体制を前提として議論を進めている。この点は２０１７年版から変わっていない。

世界各国は国産化を目標とするか、ＥＵのように域内でのネットワークを通じて融通し合う体制づくりを目標としており、日本のように輸入主体で水素供給を考えている国・地域は他にない。しかも、実はこの輸入先についても具体的な記述がなく、水素源として豪州・中東・東南アジア諸国などが列挙されているだけだ。無責任の極みである。

なお、アンモニア発電の話が出てくるのも、水素輸入を前提とするからだ。液体水素を船で長距離運ぶのが怖いので、アンモニアや他の有機化合物に変換することを考える。むろん、その過程でエネルギーをロスし、価格もさらに高くなる。

実際、水素を国産または域内融通で調達する場合には、水素をアンモニアに転換する意味はほとんどなくなる。また水素なら燃料電池に使えるが、アンモニアにしたら燃やすしかエネルギー利用の道はない。

ゆえに他の国・地域では、アンモニア発電の話が出てこない。アンモニア発電が日本特有の技術で、それゆえに「ガラパゴス化」が懸念されるのは、そのためである（先のCOP28でも、アンモニア発電は環境保護団体から無意味だと批判された）。

また一方、エネルギー自立の観点から見て、これでは化石燃料を輸入に頼っていた時代と比べてCO_2排出量以外に大きな差がないことになる。そのため、水素を国産エネルギーとして育成するロードマップをつくれるかどうかが課題になるが、その際には、そもそも国内で再エネ電力から水素をつくる意味があるのかどうかを真剣に検討しなければならない。この点については、次のページでエネルギー収支の面から検討することとする。

「水素基本戦略」の2017年版と比較して、2023年版では総じて、目標値その他に関して後退した面が大きいといえる。これは各国事情でも触れたように、現実化が近づくほど種々の厳しさに直面するからでもある。

つまり、スタートでは大きな夢を掲げたが、その夢はしぼみつつあるということだ。

これまで述べたように、各種の「水素政策」に関して、国内・国外ともに構想だけは華々しく打ち上げられ、目標値が高々と掲げられるのに反して、いざ実行の段になると種々の困難にぶち当たる。

最も明確に現れるのは「コスト高」であるが、それはエネルギー収支から見れば当然の話である。水素・アンモニアなどは製造時のエネルギーロスが大きいため、必然的に高くなるからだ。これは原理的な問題なので、技術革新でどうなるという話ではない。

まず、化石燃料由来の場合（ブラウンまたはグレー水素）、最も安く水素をつくれるのはメタン等の「水蒸気改質」であるが、これは前著で書いた通り、つくられる水素の保有エネルギーが元のメタンの約半分になっている。つまり、単価は約2倍だ。

製造時に発生するCO_2を全量ＣＣＳで処理すると（ブルー水素）、単価はむろんそれより高くなる。ゆえに前述のように、ブルー水素の実用例はまだない。

筆者の考えでは、ＣＣＳを適用するなら、水素製造よりも前に石炭火力発電所でこそ適用して、実用性をアピールできなければならない。その場合には「ブルー石炭」とでも呼び、「CO_2を出さない石炭火力発電」として大いに賞賛すべきである。おそらく、発電単価はかなり高くなってしまうはずであるが。

なお、最近の試算例では、天然ガス価格の高騰その他の要因により、ブルー水素がグリーン水素より高くなるとの結果も出されており、一般に化石燃料由来水素の立場は世界的に厳しいものになりつつある。化石燃料由来水素をも「非化石」エネルギーなどと言い張る国は、日本くらいのものだ。バカ丸出し。筆者は日本人として恥ずかしい！

再エネ電力で水を電気分解してつくる水素、すなわちグリーン（またはクリーン）水素の場合、再エネ電力自体が高いうえに電解装置も高価なので、必然的にこの水素の価格は高い。

しかも、この水素は燃やすか燃料電池で、電力にしないと使えない。エネルギー的に見ても、水電解の効率が約60％で、これを効率60％の燃料電池に使っても36％、同40％の火力発電に使ったら元の24％の電力しか得られない。自動車エンジンなど内燃機関に使ったら、その効率はせいぜい20％程度なので、総合効率はもっと低い（10％台に落ちる）。すなわち、元の電力を直接使うのが最も効果的であり、水素を経由するメリットはほとんどない。

そもそも、再エネ等で発電したら、その電力を直接使うのが最も効率的であることは自明のはずだ。なぜ水素を経由しなければならないのか？

「発電用燃料に使う」という発想自体がナンセンス

　これに対し、しばしば水素の利点として、電力の貯蔵手段として出力制御に使えるとの議論がある。しかし、本当にそうだろうか？

　原理的には前述した通り、水素を経由すると、最も効率的な燃料電池を使っても総合効率は36％（0・6×0・6＝0・36）に落ちる。つまり64％の電力喪失だ。まして火力発電に使ったら総合効率は24％、つまり元の4分の3が消えてなくなる。

　貯えたら64〜76％の電力を失う蓄電設備って、意味があるのだろうか？　それくらいなら、今では台数も増えたＥＶのバッテリーに蓄電するほうがずっと効率的だろう。

　さらに、大規模化した場合、燃料電池発電所は不利になる。燃料電池は小型の発電単位（モジュール）を多数組み合わせるので大型化のメリットが少なく、高温廃熱の利用などの面でも難度が高いからだ。

　石油危機以後の１９８０年代から、すでに水素発電所や燃料電池発電所の構想は何度も検討されたが、結局実現しなかった。コスト面だけでなく技術的にも難しかったからである。そもそも、高価な水素を発電用燃料に使うという発想自体に無理があるのだ。

大規模な蓄電設備というなら、原発に付属するものと同様の揚水発電所を真剣に検討するほうがいい。揚水式発電所のエネルギー効率は約70％、つまりロスは30％で済む（この数字には長年の実績がある）。無駄の象徴と嘲笑の対象にされてきたこのタイプでさえ、水素と比べたら案外捨てたものでもない。

日本には現在5～193万kW規模の揚水発電所がある。いずれ電力会社は、この規模の発電所で、燃料電池方式と、建設・運用・発電コストなどを具体的に評価することになる。また最近では、圧縮空気の利用その他の各種蓄電システムの開発が盛んだ。水素の効用をいうなら、蓄電システムとしての優劣を客観的・定量的に評価してからにすべきである。

水素経由の発電は「直接発電」に絶対勝てない

イエロー（またはパープル）水素に関しては、原発電力で水を分解して水素をつくる意味がほとんどない。むろん、電力を直接利用するに限る。

原発は再エネと異なり出力変動の問題はないから、電力貯蔵の意味はなく、水素にして輸送する意味もほぼない。電線一本で輸送するほうが優る。

まだ実用例はないが、「高温ガス炉」で化学反応を利用してつくる場合でも、直接発電して電力をそのまま利用するほうが効率的なはずである。ここでも電力→水素→電力（または動力）の過程でのロスが大きい。

それに高温ガス炉は値段が高く、既存の軽水炉との競争力が弱い。今の日本で実際に原発が増設できるのか不明だが、増設の際に軽水炉を押しのけて高温ガス炉が勝つかどうか疑問が残る。いずれにせよ、このタイプが実用化されてからの話である。

ターコイズ水素、すなわち高温反応炉を用いてメタンの熱分解から製造される水素の場合、原料がメタンなので、ブルー水素との競争になる。つまり、同じ天然ガス中のメタンから出発して、ターコイズなら直接的に水素生成しCO_2は出ないが、ブルーならメタンを水蒸気改質して水素を製造し、出るCO_2をＣＣＳ処理する。

一見、工程が単純な前者が有利に見えるが、両者とも大規模な実用例がなく、検討に必要な定量的データがないので比較は難しい。

ターコイズの場合、高温をつくるコストと反応炉における水素生産効率が、ブルー水素との競争のカギになるはずだ。さらにまた、同じ天然ガスを用いるなら、直接発電して電力を得る場合と水素を経由する場合を比較すべきだが、おそらく前者が格段に優るはずだ。何しろ、ターコイズでは水素生産段階で大きな電力消費を行ってしまううえに、水素→電力の段階でまたロスしてしまうからだ。つまり、天然ガス利用なら、水素はブルーもターコイズも直接発電に絶対勝てない。

重大な問題点を指摘しない御用学者&メディア

こうして、種々の水素生産方式を検討しても、水素生産の高コスト体質は本質的なものなので、簡単にコスト削減はできない。水蒸気改質反応は吸熱反応かつ高温で進めるしかないので、生産時のエネルギー多消費は避けられず、水電解では元の電力コストに電解設備費もかかるので、どうしても安くはつくれない。

この問題は物理・化学的原理に根拠があるので、技術が進めば解決するというものではない。技術は魔法ではないからだ。

にもかかわらず、政府は2030年に価格を3分の1に引き下げるとしているが、その根拠はまったく明らかでない。単なる「お題目」に過ぎないだろう。3分の1と唱えていたら、ひとりでに3分の1になるとでも言うのだろうか。

これらの問題点を、学者たちはほとんど指摘しない。その例として、2023年10月にBSテレ東で放映された、ある番組を紹介しておこう。

番組には「水素研究の世界的権威」とされる九州大学副学長の先生が出てきて、世界最大の水素研究所や水素タウン、水素キャンパスなどの紹介を行っていた。その売り文句はやはり、「CO_2をまったく排出せず、水から無尽蔵につくれる水素は次世代エネルギー」で、基本的に太陽電池で発電して水を電気分解するというものだった。

続いて実際に、太陽電池で発電して水電解で水素をつくり、燃料電池で発電するデモ実験が行われた。この方式なら国産でつくれ、貯蔵もできて負荷変動にも対応可能と説明されていた。

むろん、筆者がこれまで指摘をしてきた「グリーン水素」への種々の疑問には、まったく答えていない。番組の司会者たちが、どうして「先生、それなら太陽電池の電気を直に使うほうがよくないですか？」と聞かないのか不思議だった。

先生は、「燃料電池の寿命を10倍にする」とか「現状100円／N㎥の水素価格を約20

円にする」とかをなんの根拠も示さず述べた末に、2050年頃には天然ガスで5000万トン相当の水素を輸入すると言い放った。

えっ？「国産でつくれ、無尽蔵」って言ってたのに、やはり「輸入」かい？

その矛盾についても、出演者は聞かなかった。

別にこの番組だけがそうなのではない。マスコミに出てくる「水素」は常にそうである。バラ色の夢だけを語り、問題点や矛盾点にはほとんど目を向けない。そして問題点は常に「コスト」だけであり、将来的にはなんとなく安くなるに違いないと思わせるだけなのだ。

政府が水素にしがみつく本当の理由

こんなにも欠点・問題だらけの「水素」関連政策に、なぜ日本政府はしがみつくのだろうか？　そのヒントの一つが「グリーン成長戦略」にあると筆者は睨んでいる。正確には2021年6月に出された「2050年カーボンニュートラル（CN）に伴うグリーン成長戦略」との文書だ※3。

百数十ページからなる大部の資料でさまざまなことが書かれているが、全体に抽象論が多く、具体策がほとんど書かれていない。

次ページの図はその資料の5ページに掲載されたものだが、2030年までの非電力部門では「省エネの推進」と「水素社会実現に向けた取組の抜本強化」、電力では、再エネ・原子力と火力比率の引き下げ、水素・アンモニア発電の活用しか載っていない。

2030年から50年になっても基本は変わらず、各種CCS（CO_2貯留・リサイクル）や植林が加わっているだけだ。筆者がこれまで「意味なし！」と言ってきた水素・アンモニア発電、メタネーション、CCS、植林などを除くと、この図はスカスカになって、結局は省エネ・再エネと原子力しか残らない。

なるほど、水素・アンモニアにしがみつく理由は、これだったわけだ。

しかし、アンモニアもメタネーションその他の合成燃料も、原理的には水素を原料として窒素や炭素に水素をくっつける「還元」反応の産物だ。還元反応は基本的に多くのエネルギー投入が必要だから、元の水素より必ず高くなる。

大元の水素でさえ問題山積なのだから、それより高くつくアンモニア・メタネーションなどが一層困難を極めるのは理の当然である。

今は補助金が潤沢にばらまかれているので、多くの企業が群がり、御用メディアも盛ん

図

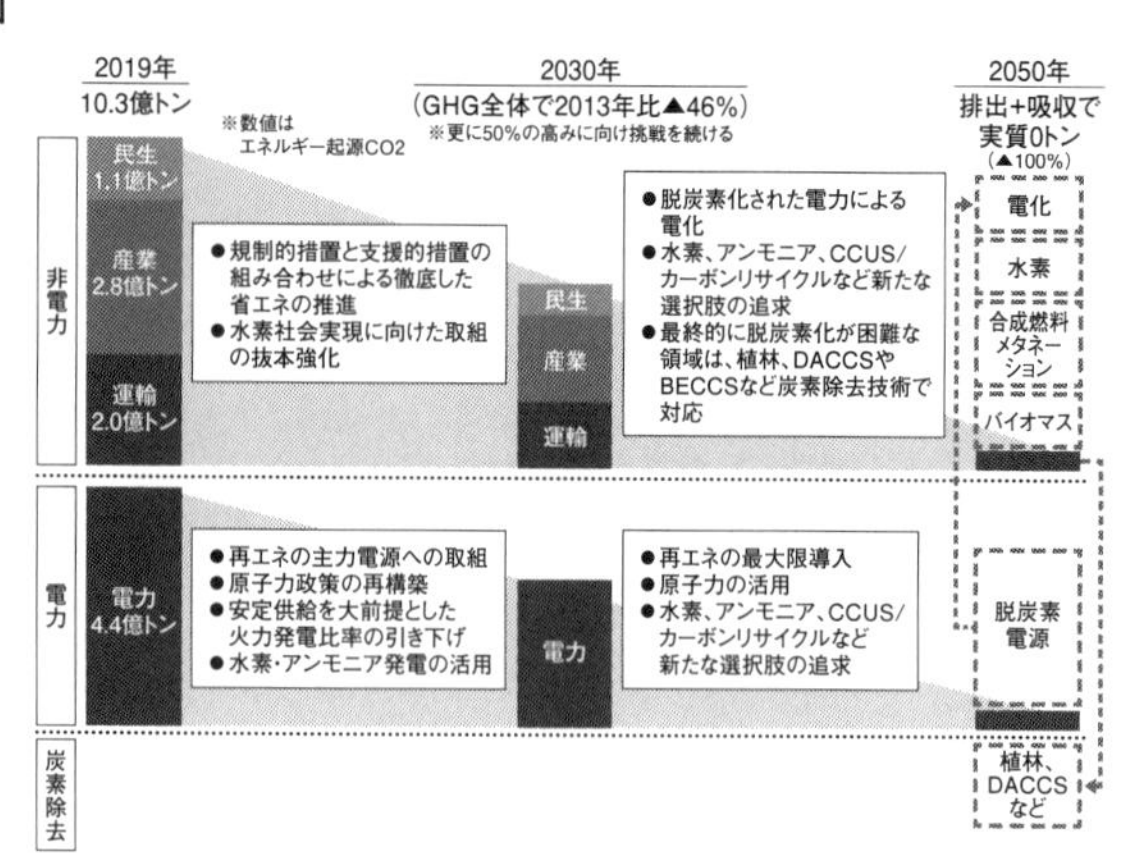

に囃し立てている。だが結局のところ、補助金が尽きたら「金の切れ目が縁の切れ目」。商売としては全然成り立たないので、誰もがクモの子を散らすように逃げ出すに違いない。

しかしこの補助金、原資は税金なのである。こんな「税金の無駄遣い」を許していいのだろうか？

実はさらに「グリーン成長」の本質的な問題点、すなわちコストの高い再エネ発電や水素・アンモニア等を使って、どうやって経済成長できるのか？という問題に、この資料は答えていない。単に「成長が必要である」と書いてはあるが、なぜ、どのようにして成長できるのかは書いていないのだ。

「政府の2兆円の予算を呼び水として、約15兆円の民間企業の研究開発・設備投資を誘発し、野心的なイノベーションへ向かわせる。世界のＥＳＧ資金約３０００兆円も呼び込み、日本の将来の食い扶持（所得・雇用）の創出につなげる」と威勢は良い。しかし、「投資資金を呼び込み、雇用と成長を生み出す」とは言うけれど、投資したからといって成長できるとは限るまい。成長するには、投資先が利益を出さないといけないからだ。

儲からない事業にいくら投資しても、儲からなければドブに捨てたのと同じ。不良債権になるだけだ。

霞が関の官僚たちも、本稿に書いたような内容はもちろん理解しているはずである（理解できないようでは話にならない）。良心的な官僚の中には、上記のような「おバカな政策」に歯がみしている人もけっこういるはずだと思う。筆者のような無名の論者に、こんなにまでこき下ろされたら、悔しいに違いない。エリートのプライドがズタズタだよ……。「悔しい」のは大いに結構。その悔しさを「もっとマシな政策」の立案に活かしていただきたい。筆者は、日本政府の没論理的政策をこき下ろして溜飲を下げ満足しているわけではない。日本国の環境・エネルギー政策が、少しでもマシになることこそが本望なのである。

※1 https://www.kankyo1.metro.tokyo.lg.jp/archive/climate/hydrogen/tokyo_hydrogen_vision.html
※2 https://mainichi.jp/articles/20240328/ddm/008/020/08200c
※3 https://www.meti.go.jp/policy/energy_environment/global_warming/ggs/pdf/green_honbun.pdf

杉山大志　すぎやま・たいし

キヤノングローバル戦略研究所研究主幹。東京大学理学部物理学科卒、同大学院物理工学修士。国連の気候変動に関する政府間パネル（IPCC）、産業構造審議会、省エネ基準部会等の委員を歴任。著書に『「脱炭素」は嘘だらけ』（産経新聞出版）、『亡国のエコ 今すぐやめよう太陽光パネル』（ワニブックス）など。

田中 博　たなか・ひろし

筑波大学名誉教授。1988年、米国ミズリー大学でPh.D取得。アラスカ大学地球物理学研究所助教。筑波大学地球科学系講師、助教授、教授。生命環境科学研究科長。2023年名誉教授。1994–2016年日本気象学会常任理事。著書に『偏西風の気象学』（成山堂）、『地球大気の科学』（共立出版）等。

平井宏治　ひらい・こうじ

経済安全保障アナリスト。大手電機会社、外資系証券会社、国内M&A会社、メガバンク系証券会社、外資系会計アドバイザリー株式会社で勤務後、株式会社アシスト設立。上場企業などで講演多数。ネット番組「あさ8」、「デイリーWiLL」、「文化人放送局」などに出演。早稲田大学大学院ファイナンス研究科修了。

藤枝一也　ふじえだ・かずや

横浜国立大学経営学部卒、法政大学大学院環境マネジメント研究科修了。大手電機メーカーで半導体の研究開発部門、資材調達部門を経て本社で環境経営施策の企画・立案を担当。素材メーカーに転職後、CSR部門で環境関連業務に従事。共著に『SDGsの不都合な真実』（宝島社）、『メガソーラーが日本を救うの大嘘』（宝島社）など。

松田 智　まつだ・さとし

元静岡大学工学部准教授。専門は化学環境工学。主な研究分野は、応用微生物工学（生ゴミ処理など）、バイオマスなど再生可能エネルギー利用関連および環境政策。

山本隆三　やまもと・りゅうぞう

京都大学工学部卒業後に住友商事（株）に入社。石炭部副部長、地球環境部長などを経て2010年、常葉大学経営学部教授、21年に名誉教授。NPO法人国際環境経済研究所副理事長兼所長も務める。著書に『間違いだらけのエネルギー問題』（ウェッジ）など多数。

渡辺 正　わたなべ・ただし

1948年、鳥取県生まれ。東京大学名誉教授、工学博士。現役時代の研究分野は光合成と電気化学。1990年代から本業のかたわら環境・温暖化騒ぎウォッチング業も継続。著訳書は『「気候変動・脱炭素」14のウソ』（丸善出版、2022年）ほか約200点。

著者略歴（五十音順）

有馬 純　ありま・じゅん

1982年、東京大学経済学部卒業後、通商産業省（現・経済産業省）入省。OECD代表部参事官、IEA国別審査課長、資源エネルギー庁国際課長、大臣官房審議官地球環境問題担当、JETROロンドン事務所長等を歴任。現在、東京大学公共政策大学院特任教授。これまでCOPに16回参加。

上田令子　うえだ・れいこ

地域政党自由を守る会代表、東京都議会議員（江戸川区選出）。都立三田高校、白百合女子大国文科卒業。2007～12年江戸川区議会議員。13年、都議会議員初当選。14年、自由を守る会設立。17年、都民ファーストの会創設に参加して当選（同年10月離党）。21年、国政政党・労組無所属で当選し、現在3期目。

岡崎五朗　おかざき・ごろう

青山学院大学理工学部機械工学科在籍中から自動車関連の執筆活動を開始。2008年からテレビ神奈川『クルマでいこう!』のMCを務める。日本自動車ジャーナリスト協会理事。日本カーオブザイヤー選考委員。著書に『EV推進の罠』（ワニブックス）など。

掛谷英紀　かけや・ひでき

筑波大学システム情報系准教授。東京大学理学部生物化学科卒業。同大大学院工学系研究科先端学際工学専攻博士課程修了。博士（工学）。通信総合研究所（現・通信情報研究機構）研究員を経て現職。著書に『「先見力」の授業 AI時代を勝ち抜く頭の使い方』（かんき出版）、『学者の暴走』『学者の正義』（扶桑社）など。

川口マーン惠美　かわぐち・まーん・えみ

作家。日本大学芸術学部音楽学科ピアノ科卒業。シュトゥットガルト国立音楽大学大学院ピアノ科修了。『優しい日本人が気づかない残酷な世界の本音』（ワニブックス）、『メルケル　仮面の裏側』（PHP新書）、『移民 難民 ドイツ・ヨーロッパの現実2011-2019』（グッドブックス）、『無邪気な日本人よ、白昼夢から目覚めよ』（WAC）など著書多数。独ライプツィヒ在住。

小島正美　こじま・まさみ

1951年愛知県犬山市生まれ。愛知県立大学卒業後、毎日新聞社入社。松本支局を経て東京本社生活報道部で食・健康・環境問題を担当。2018年退職。東京理科大学非常勤講師、「食生活ジャーナリストの会」代表を歴任。食品安全情報ネットワーク共同代表。著書は『フェイクを見抜く』（共著・ウェッジ）など多数。

カバーデザイン　杉本欣右
本文DTP　G-clef（山本秀一、山本深雪）

SDGsエコバブルの終焉

2024年6月28日 第1刷発行

編著者　杉山大志
著者　川口マーン惠美＋掛谷英紀＋有馬 純 ほか
発行人　関川 誠
発行所　株式会社宝島社
〒102-8388 東京都千代田区一番町25番地
電話（編集）03-3239-0928
（営業）03-3234-4621
https://tkj.jp
印刷・製本　中央精版印刷株式会社

ISBN 978-4-299-05549-1